HONDA

GB350／350S CUSTOM & MAINTENANCE

ホンダ GB350／350S カスタム＆メンテナンス

STUDIO TAC CREATIVE

フロントフェンダー・ショート

マットブラック 税込 ¥23,100
シルバー(ヘアライン仕上げ) 税込 ¥22,000
素材：フェンダー本体／アルミ、ブラケット／ステンレス

シルバー(ヘアライン仕上げ) 350Sのみ対応

メーターバイザー

マットブラック 税込 ¥20,900
シルバー(ヘアライン仕上げ) 税込 ¥20,350
素材：バイザー本体／アルミ、ブラケット／ステンレス

TCW GB350S

A custom motorcycle brand for the streets produced by Magical Racing.Cultivated in the racing scene of TWC (craftsman's workshop) for many years With parts full of craftsmanship Run through the city or go on a journey.

THE CRAFTMAN'S WORKSHOP

NK-1 ミラー

平織りカーボン製 税込 ¥50,600
綾織りカーボン製 税込 ¥52,800
デモ車装着仕様：タイプ6ヘッド・平織りカーボン製
スーパーロングエルボー・ブラックステム
正ネジ10mm／正ネジ10mm

フェンダーレスキット(リアフェンダー付)

マットブラック 税込 ¥23,100
シルバー(ヘアライン仕上げ) 税込 ¥22,000
素材：リアフェンダー部／アルミ
ブラケット・ナンバー台部分／ステンレス・純正ナンバー灯使用

チェーンガード

マットブラック 税込 ¥23,100
シルバー 税込 ¥23,100
素材：ステンレス

CONTENTS
目次

4 GB350／350S 時代を超えて

10 GB350／GB350S 最新モデルチェック

10 GB350

26 GB350S

39 カラーバリエーション

40 GB350／GB350S 純正アクセサリー･カスタマイズパーツカタログ

46 GB350ベーシックメンテナンス

47 タイヤ

48 ブレーキ

49 灯火類

50 クラッチ

51 エンジンオイル

52 ドライブチェーン

53 バッテリー

56 ヒューズ

59 時計設定

60 ブリーザードレーン

61 GB350／350S カスタムセレクション

76 GB350／350S カスタムメイキング

78 カスタムで機能性とスタイルをアップ！

79 タコメーターの取り付け

84 スクリーンの取り付け

87 エンジンガードの取り付け

90 リアキャリアの取り付け

91 サドルバッグサポートの取り付け

93 マフラーチェンジでカスタマイズ

94 スリップオンマフラーを取り付ける

100 カスタムパーツクローズアップ TCWパーツで愛車を輝かせる！

102 ショップカスタムフォーカス ライコランド川越ネイキッド

104 GB350 on RaceTrack

115 読者プレゼント

116 GB350／350S カスタムパーツカタログ

表紙撮影＝佐久間則夫

GB 350/350S 時代を超えて

時というものは留まることを知らず、常に流れ続けている。それと共に様々なものも変化していくのだが、バイクの世界においては時に過去を思い起こさせる存在が現れる。それを目の前にした時、人は実体験の有無に関わらず懐かしさを覚え、あこがれを感じる。そう時代を超えたものとして。

写真＝柴田雅人 *Photographed by* Masato Shibata

どんな場面にも自然と溶け込んでいく

バイク、いつからかそれが気になるようになり、免許を手にしたあの日。大手を振って乗れるようになったものの、頭の中には具体的なイメージが持てないでいた。

そんな時、GB350の姿が目に飛び込んできた。詳しくない人にもバイクと認識させる抽象的な絵を思わせるベーシックな姿は、言ってしまえば新しくもなんともないのかも知れない。でもエッジの効いたデザインの車両が溢れる今登場したGBは、新鮮で新しいものとして自分の心を掴んで離さなかった。

クラシックなバイクにそれまで接したことはなく、当然振り返った時にその姿は記憶の中には存在しないのだが、GBには懐かしさを覚え、かけがえのない存在として迎え入れることになった。はじめてのバイクなのに、久しぶりに合う友人のような親しみやすさを感じながら走り始めたあの日は、忘れられない特別な日となっていた。

67-33
GB 350/350S
時代を超えて

GB350/350S 時代を超えて

ライダーを優しく包み込むビッグシングルエンジン

350ccのビッグシングルと呼ばれるエンジンは見た目こそ何十年も前から持ってきたようだが、先輩から聞いていたような振動に苦しませられることがなく、身構えていた自分は何だったのかと苦笑せずにはいられなかった。走っても走ってもなかなか減らない燃料計には逆にハラハラさせられたが、それが普通であることが分かると、優れた燃費というものが人のGBに対するイメージを良い意味でひっくり返すものであることに、楽しみを覚えるようにもなっていた。

エンジンを掛け、それが温まるのを待つ。見た目より勇ましいサウンドが落ち着いてきたら、準備OKのサイン。スッとクラッチを繋ぎソロソロと走り出す。パワーは控えめで、目の覚めるような加速をするわけではないが、しっかり回してやれば満足できる加速をしてくれる。だがこんな走り方はGBにとってはおまけといえるだろう。厚い低速トルクとハイギアードなミッションは、ゆったり街を駆けるのにマッチしているし、それは見た目からイメージされるものともぴったりだ。

本物のクラシックバイクにも興味はあるけれど、常にバイクの機嫌を伺い、神経を研ぎ澄ませていなければいけないなんて自分には無理なこと。思いと技術が詰まったGBは、見た目に相応しい熟練者のような懐の深さで自分を優しく包み、導いてくれる。時代を超越したバイクは、時の移ろいから自分を分離し、いつまでも一緒に走り続けてくれることを、信じて疑わない。

GB350/350S

最新モデルチェック

GB350

王道のクラシックスタイルをまとう

2021年、ブランニューモデルとして登場したGB350/350Sは、発売直後から高い人気を保っている。ここではマイナーチェンジを受けた最新の2023年モデルを徹底解剖していきたい。

HONDA
HONDA

GB350

スタイルの要はボリューム感あるタンク

GB350

大径ホイールが存在感を生む

HONDA

HONDA
HONDA

GB350

クラシック感を強調する踏み返し付きシフトペダル

アップ&ワイドのハンドルがゆったり感を生む

どこか懐かしさを感じさせる灯火類

GB350

ベーシックなロードスターを目指す

2021年3月30日に発表、同年4月22日に発売されたGB350は、ゆったりとした気持ちで乗車体験を求める層に向けた、ベーシックでバイク本来の魅力を自由に楽しんでもらいたいと作られたモデルだ。GBという名は、GB250クラブマンやGB400TTにも使われたホンダ単気筒モデルで親しまれた名前だが、あえてクラブマンやTTとは名乗らないことで既存のイメージから自由であることを目指している。

車体、エンジンは、ともにこれまで培われた豊富な経験と最新の知見が存分に反映し新設計。車体はライダーの存在感、ゆったりした操縦フィール、取り回し易さを、エンジンはクリアな鼓動と力強さを目標に開発されている。またGB350を語る上で外せないデザインは、マッシブ&シェイプドデザインがコンセプトになっている。

そういったコンセプトや狙いを踏まえ車両を見れば、フロント19、リア18インチという1960〜80年代に見られた組み合わせや空冷単気筒という古典的な構成ながら、現代的な扱いやすさ、軽やかさ、優れた環境性能を併せ持っている。

2023年にはスタイルはそのままに平成32年(令和2年)排気ガス規制適合を中心としたマイナーチェンジが行なわれている。今後も長くユーザーに愛されていくことに違いない。

1. ロービーム時に上部3つと中央1つのLEDに加え上下端のレンズを発光する独自スタイルのヘッドライト。ウインカーは灯体を取り囲むように発光するポジションランプを備えている **2.** ハンドルは取り回し性を考慮し手前に引き寄せた形状に。アップライトな姿勢を生み出し、市街地の混雑した状況でも周囲に目を配りやすくなっている **3.** シンプルながら機能に溢れたメーターは、古さと新しさの融合を象徴する部分。アナログ式のスピードメーターの右下にはギアポジション、オドメーター、トリップメーター、瞬間燃費、平均燃費、走行可能距離、バッテリー電圧、燃料計、時計を表示できる液晶部を装備。その右側にはトルクコントロール警告灯、トルクコントロールOFF警告灯、ニュートラル表示灯、ABS警告灯を備える **4.** 右側スイッチボックスにはエンジンストップスイッチ / スタータースイッチとハザードスイッチを配置している

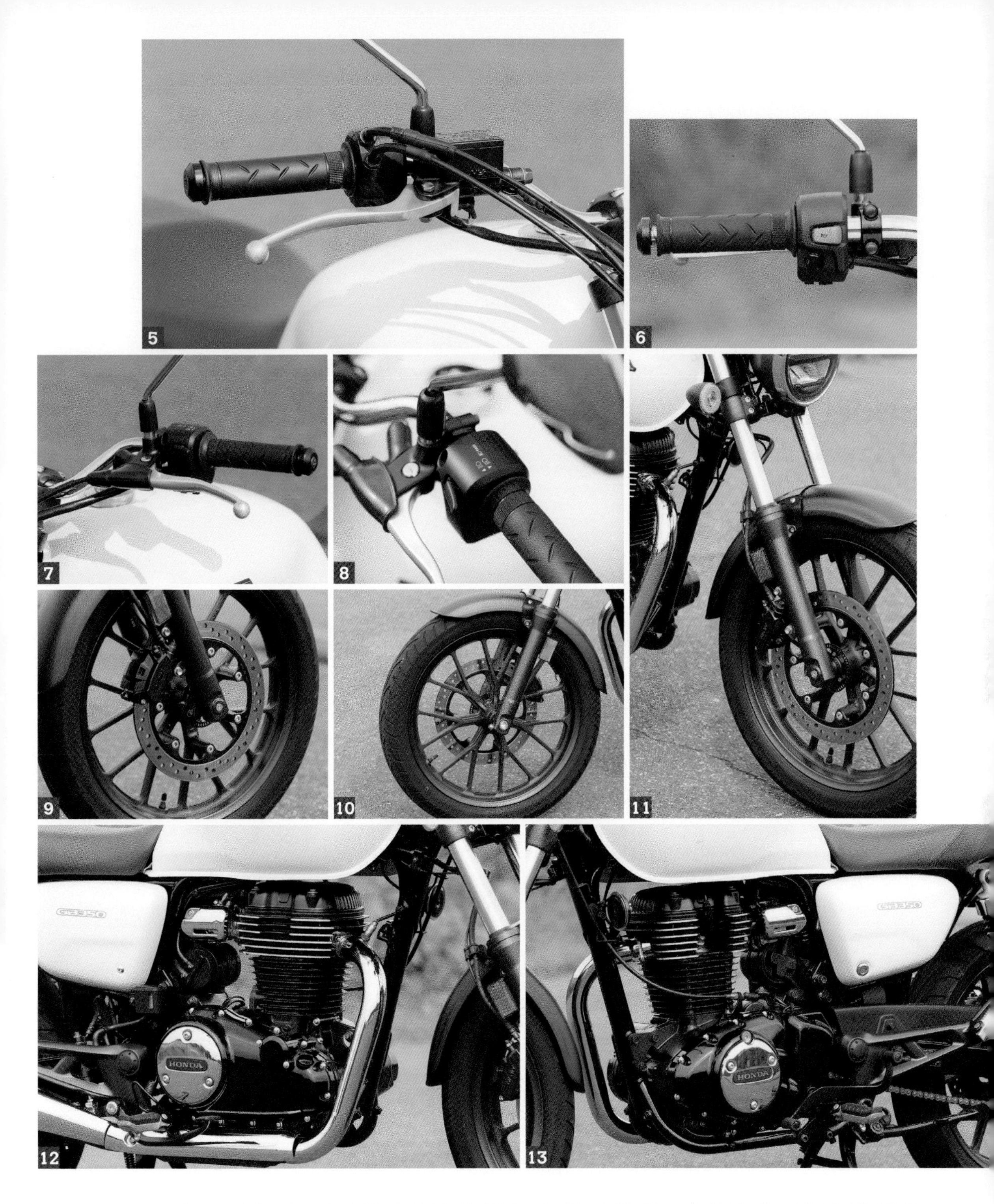

5. フロントブレーキマスターシリンダーは、ピストン径Φ 1/2インチのものを使用する　**6.** 左スイッチボックスのライダー側にはホーンスイッチとプッシュキャンセル式のウインカースイッチを設ける　**7.** ワイヤー式のクラッチレバー。ホルダー部の変更により、それまであったレバーのガタを改善している　**8.** 左スイッチボックス前側に設けられたヘッドライト上下切り替え / パッシングライトスイッチ　**9.** Φ 310mm のフロントディスクと新設計の高剛性キャリパーを用いたシングルディスクブレーキ。専用セッティングの前後独立制御ABSを標準装備する　**10.** Y字型14本スポークを採用した19インチフロントホイール　**11.** 大型モデル同様のΦ 41mm 大径インナーパイプを用いたフロントフォーク。ストローク量は120mm　**12.13.** 空冷、直立、単気筒を表現した機能美を追求したエンジン。ボアΦ 70mm ×ストローク 90.5mm のスペックで、3,000rpm 付近にトルクピークを設定。質量の大きなフライホイールを使うことで1発ごとの粘りある燃焼フィールを際立たせる一方、一次バランサーに加えメインシャフト同軸バランサーを追加することにより不快な振動の最小化を図っている。クラッチレバーの操作荷重を軽減するアルミカムアシストスリッパークラッチを採用し、また密閉式クランクケースとすることでフリクションロス低減と燃費向上につなげるなど、見た目のクラシカルさから想像できない最新技術が投入され扱いやすと優れた燃費を実現している

GB350

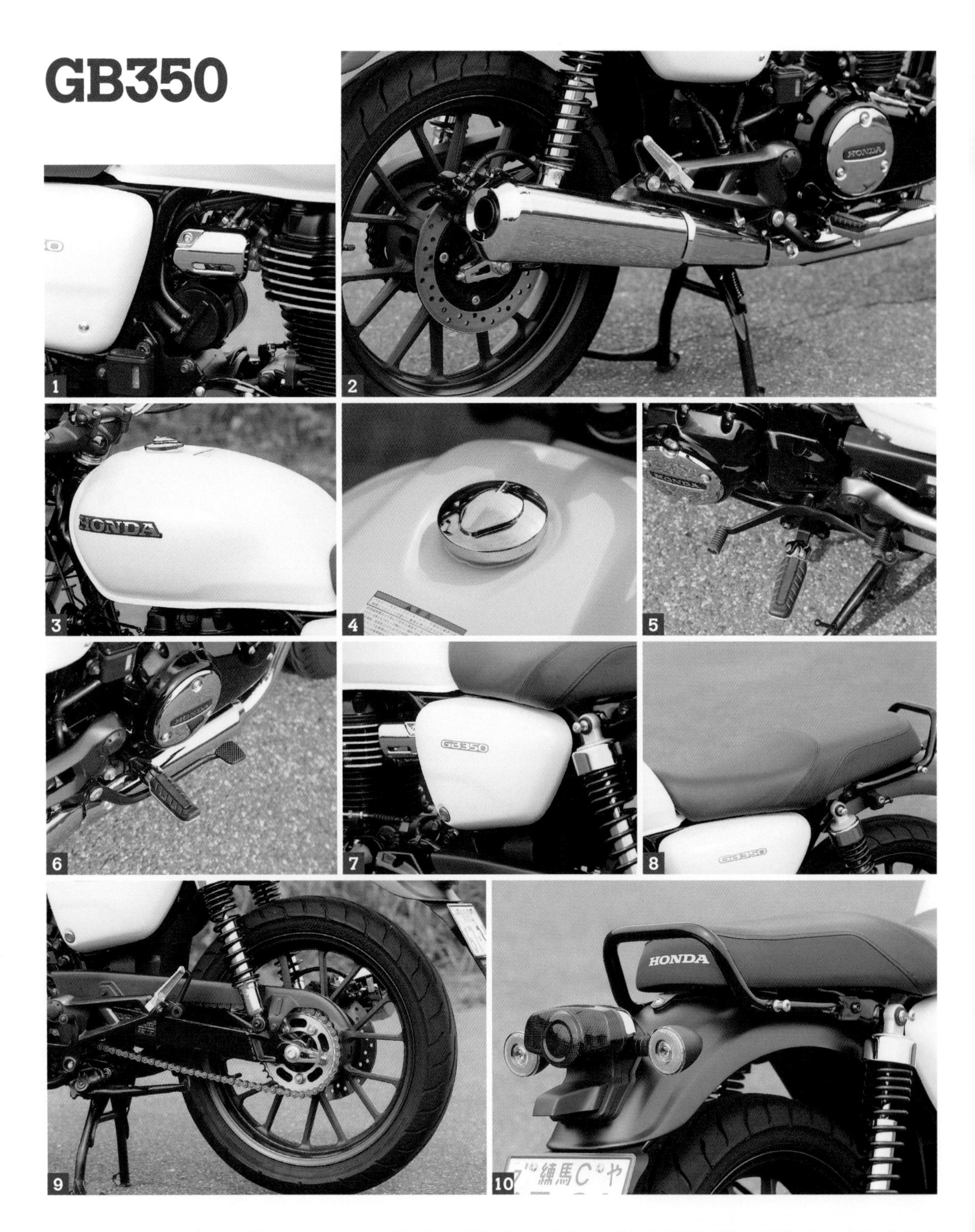

1. エアクリーナーからスロットルボディにつながるコネクティングチューブまでの経路は、低速から力強いトルクを生み出せる長さを確保しつつストレート化することで吸気抵抗を低減　**2.** 迫力ある重厚な低音を主成分とし弾けるような高音部分を加えることを最重要視したマフラー。クロームメッキ仕上げで、シンプルなテーパー形状サイレンサーが車体にマッチする　**3.4.** 容量15Lを確保したタンクは幅を大きく絞ることで下半身の自由度も確保。キャップはクラシカルなスタイルとした　**5.6.** フロントステップはアンダーフレームパイプにマウント。シフトペダルは踏み返しの付いたものとし、クラシックイメージを高めている　**7.** 0.8mm厚の薄板スチールを使ったサイドカバー　**8.** シートはスリムなダブルシートタイプ　**9.** リアホイールはフロントと同デザインの18インチ。またスイングアーム側に突起を設けることで、噛み込み防止用の別体リングをドリブンスプロケットから無くしている　**10.** リアの灯火類も全てLED を採用。荷掛けフックの付いたアシストグリップもスタイルのポイントだ

11. ストローク量120mmのリアショックは、スプリングイニシャルプリロードが変更可能。そのスプリングは2023年モデルから、それまでのクロームからブラックへと変わった　**12.** Φ240mmと、フロント同様クラス最大径のディスクを使ったブレーキシステム。ブレーキパッドには長寿命の摩擦材を採用している。ABSシステムは液圧をコントロールするモジュレーターをリアブレーキホースを直接取り付けられる位置とすることで、リアブレーキパイプを廃止しコンパクトなシステムとした

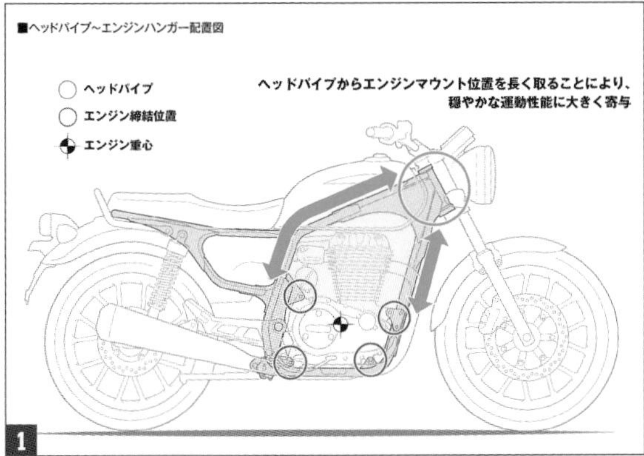

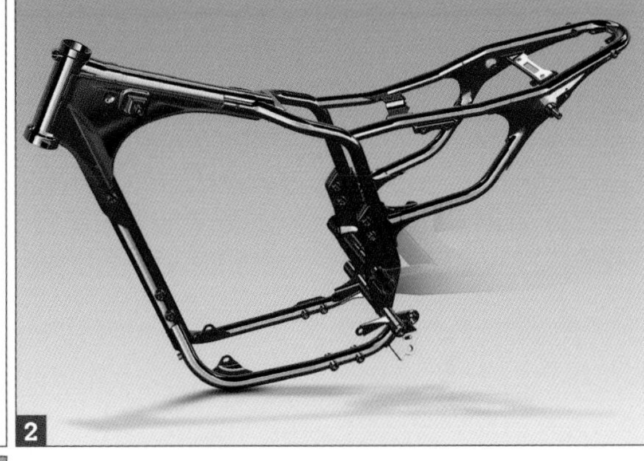

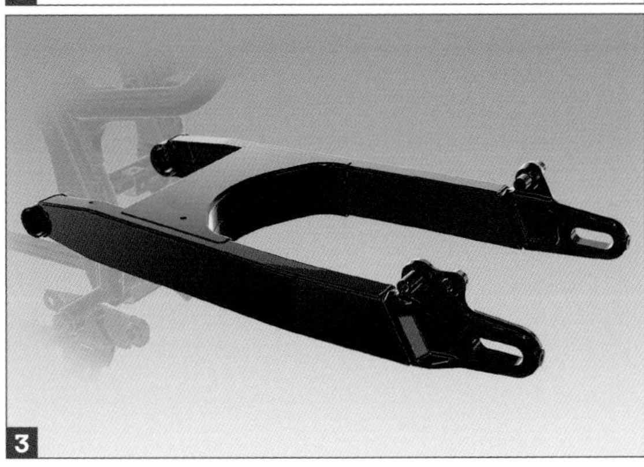

1.2. 穏やかな操縦フィールを求め、鋼管セミダブルクレードル式としたフレーム。歴史のある形式だが最新の構造解析、振動解析を導入し、狙いとするフィールを実現している。チェーンラインの内側に幅の狭いピボットを設けることで、剛性としなやかさをバランスさせている点にも注目したい　**3.** スイングアームは60mm×30mm角断面鋼管製。別体のアルミ鋳造ステップブラケットと共締めする構造もあり、リアショックの作動性を向上させ、快適なライディングフィールに寄与している

1. 補機類のサイズや配置に工夫を重ね、シリンダー前後、前輪とヘッドパイプ周り、サイドカバー下部から後輪に抜ける「空間」を設けることで、構成部品の形状と質感を際立たせている　**2.** ダウンチューブ、ピボットパイプ、リアショックの角度を平行とした車体骨格ライン、それと対称となる角度のフロントフォークライン、タンク・シートの車体上部とエンジン・足周りといった車体下部を分ける水平ラインで二等辺三角形を形作り、安心感のあるシルエットとした

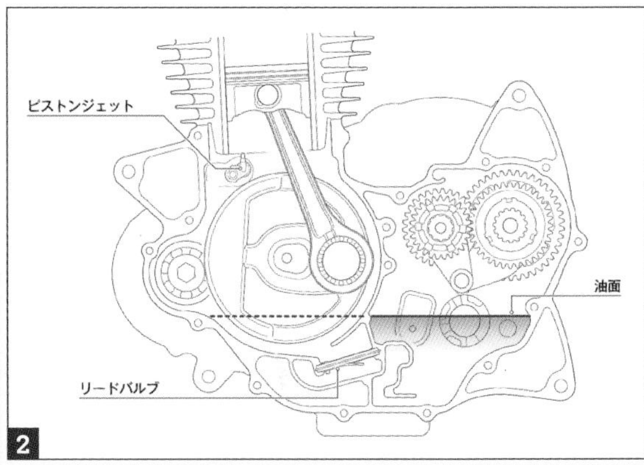

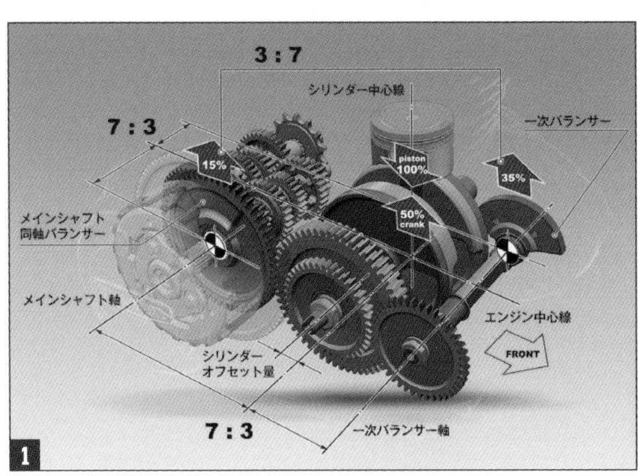

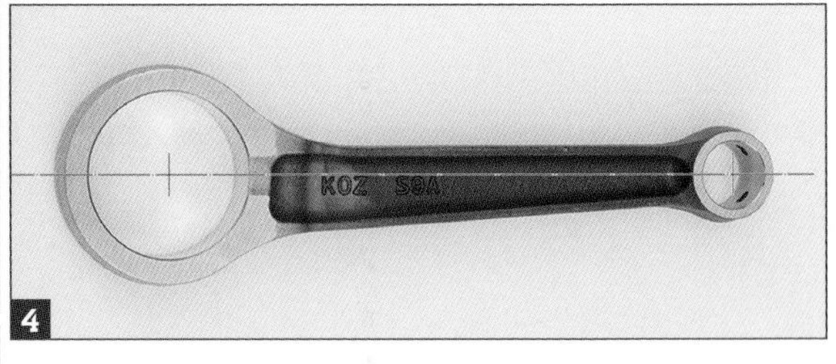

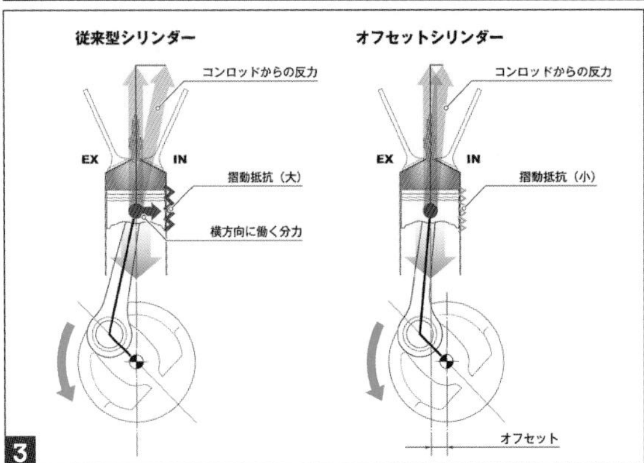

1. 鼓動の最大化と振動の最小化を図るため、ピストンの上下動がもたらす一次振動を打ち消す一般的な一次バランサーだけでなく、そのバランサーが生む偶力振動をキャンセルするため、クラッチが取り付けられるメインシャフトにも同軸バランサーを追加。ロングストロークエンジンの鼓動をクリアに伝えるエンジンフィールを獲得している　**2.** 全高が高いエンジンで最低地上高を確保しつつオイル容量も確保するため、クランク室とミッション室との間に隔壁を設け密閉式としたクランクケース。隔壁にはリードバルブを設けることで、フリクションを低減、燃費向上につなげている　**3.** 燃焼によりピストンが押し下げられる際の摺動抵抗を低減させる、クランクの回転軸から中心をオフセットさせたオフセットシリンダーを採用。燃費等の悪化につながるクランク回転に伴うフリクションを低減している　**4.** オフセットシリンダーによりシリンダー下端内壁と干渉するおそれがあるコンロッドは、非対称形状とすることで、10mmのシリンダーオフセット量を確保した

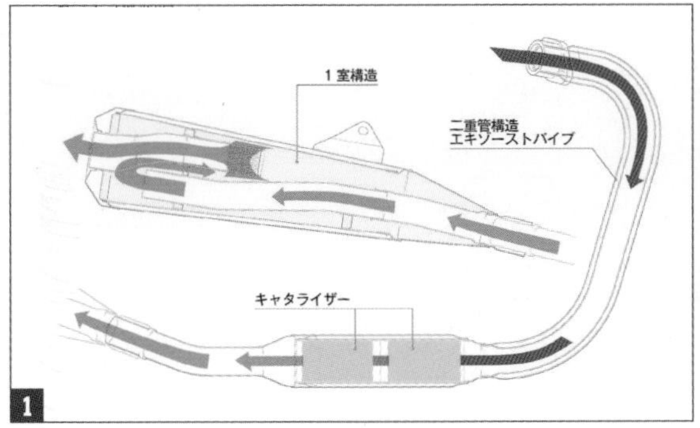

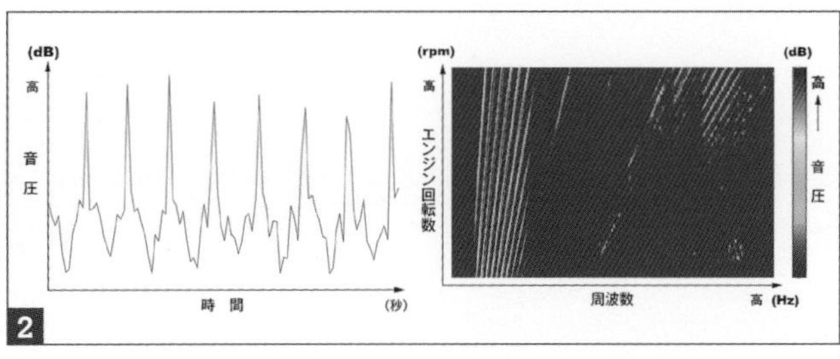

1. サウンドの質にこだわって作られた排気系。マフラー内部の排気管長を後端部まで確保することでトルクフルな走りを実現している。サイレンサーは一室構造とすることで燃焼に起因する音の鋭さ、エネルギーに満ちた鼓動がライダーに伝わるようチューニングしている　**2.** 開発においては音の成分をこのように可視化することで、精細な音質マネジメントがされていた

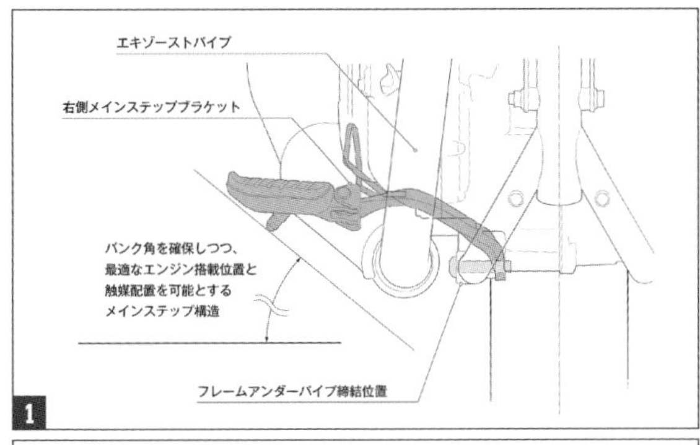

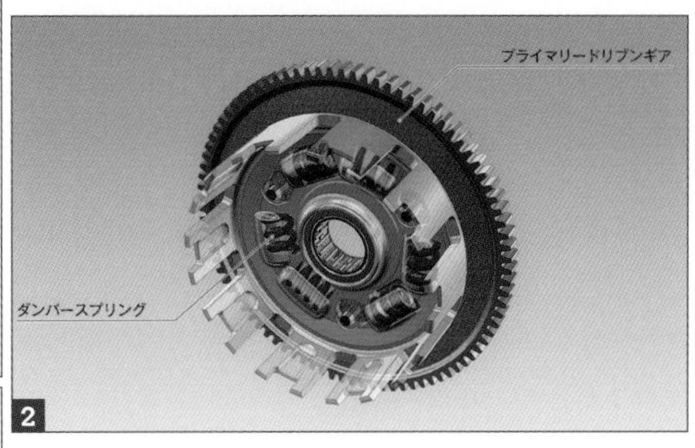

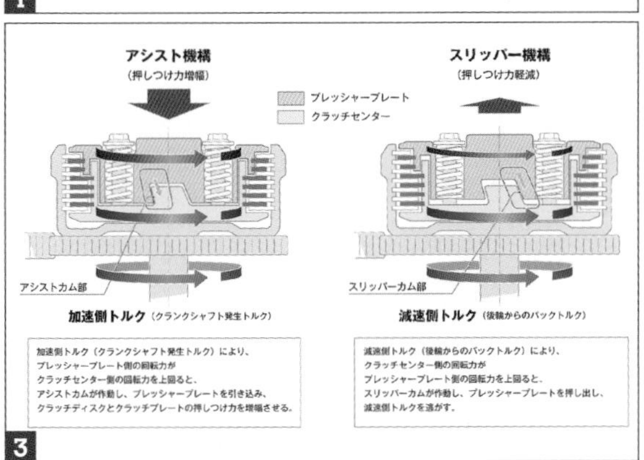

1. 右側フロントステップのブラケットは、特許申請したフレームアンダーブラケット内側にマウントする方式。これにより充分なバンク角を確保した　**2.** クラッチバスケット一体のプライマリードリブンギアに内蔵されるダンパースプリングの硬さを最適化することで、不快な振動を吸収し、鼓動感をより活かしている　**3.** 通常のクラッチに比べレバー操作荷重を約30%軽減しつつ、シフトダウンによる急激なエンジンブレーキが生む不快なショックを緩和するスリッパー機能を備えたアルミカム アシストスリッパークラッチ。街乗りからツーリングまで、疲労低減と快適性をもたらしてくれる縁の下の力持ち的パーツだ

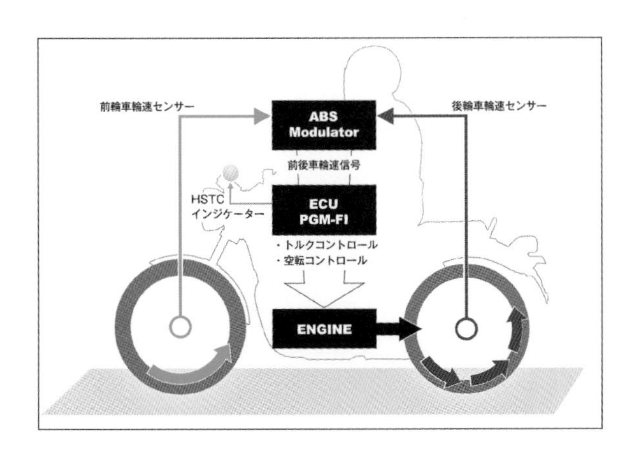

GB350

前後ホイールに設置した車速センサーの値をもとにECUが後輪のスリップ率を算出。それに応じて燃料噴射を調整することでエンジントルクを最適化し、スロットル操作に起因する後輪スリップを緩和するホンダセレクタブルトルクコントロール(HSTC)を標準装備。様々な路面コンディションにおける安心感を高めている

GB350S
積極的な走りを喚起するスポーティモデル

HONDA
HONDA

GB350S

軽快感が際立つリアクォータービュー

GB350S

ブラック&クロームの排気系で差別化を図る

HONDA

HONDA
HONDA

GB350S
独自サイドカバーが車体を引き締める

低いハンドルがそのキャラクターを表す

コンパクトな灯火が現代テイストを生み出す

GB350S

スポーティーなスタイルとしたモデル

GB350と同時発表ではあったが、発売は約3ヶ月遅れの2021年7月15日とされたGB350S。基本構成は350と同じだが、ポジションなどを変更しよりスポーティなスタイルとされたのが特徴だ。

スポーティバージョンというと見た目をいじっただけの簡易的なものである場合もあるが、GB350Sは決してそうではない。ハンドル、ステップとも専用品とし、より積極的な走りに対応したライディングポジションへ。リアタイヤは17インチ化&ワイド化しつつ、マフラーもバンク角をより深める形状へチェンジ。前後フェンダー、サイドカバー、シート、灯火類にも手を加え、見れば見るほど違いを実感させられる。

実際乗ってみての印象はどうだろう。ハンドルが低いため前傾はやや増しているが決してきつくない。ステップはより後方かつ上方になりコーナーでのフィット感はより良好だが、停車時真下に足を下ろそうとすると干渉する位置にあり、それを避ける都合上、足つき性では350に劣る印象。コーナリングは、350は安定感のある穏やかな印象だが、350Sはアクセルを開けると旋回力が高まるスポーティな味付けだ。見た目以上にキャラクターが異なるので、どちらか迷った場合は、ぜひ試乗してから選ぶことをおすすめしたい。

1.ヘッドライトリム。金属パーツを追加したケースとヘッドライトは独自仕様。ウインカーもスリムで現代的なデザインのものが採用されている　2.ハンドルはより低く遠いグリップ位置としたスポーティなものに。当然上半身の前傾は増しているが、それでも充分ゆったりとしたポジションで、長距離走行でも全く苦にならない。このハンドルに合わせて、スロットルケーブル、クラッチケーブルも専用のショートタイプに変更されている　3.フロントフォークやホイールは350と共通だが、フォークブーツが装着され、フロントフェンダーはショートな樹脂製に変更されている

4. エンジンのスペック、外観は350と同一だが、エキゾーストパイプはマットブラック仕上げとなる　5. サイレンサーもマットブラック仕様。見た目が異なるだけでなく、バンク角を増すために形状変更がされている。リアホイールは17インチ化されタイヤは130mm 幅から 150mm幅へとワイド化している　6.7. ライダー用ステップはより後方、上方位置としピリオン用とともにステップホルダーに設置。このステップホルダーは、マフラーマウント位置もより上方にされた、350とは全く異なる設計となっている　8. シートはライダースペースをより長く取ったワディングシート。350用には無いタンデム用ベルトを装備する　9. リアグリップパイプではなく、コンパクトな専用アルミダイキャスト製リアグリップをシート下に設置　10. シート直下にコンパクトなテールランプを配置。樹脂製でスリムデザインのフェンダーと相まって、現代的なリアビューとした

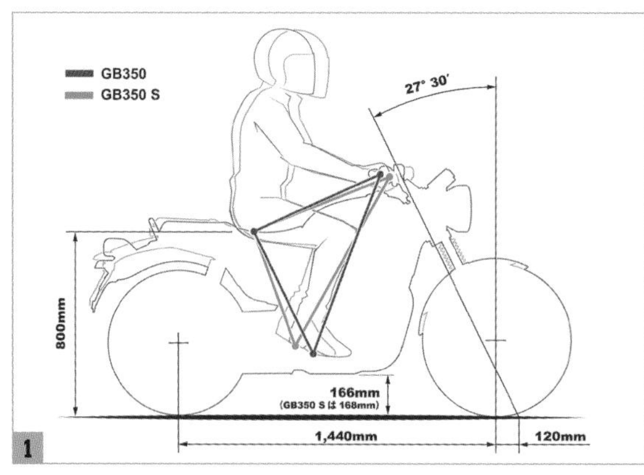

1. 車体のディメンジョンは350と同じながら、標準的なネイキッドスポーツのポジションとするため、ハンドルを遠く、ステップを後方かつ上方に設定した350S。前後フェンダーの軽量化などによるマスの集中化、そしてリアタイヤの変更もあってコーナーを楽しみたくなる運動性能となっている　2. 350S のデザインスケッチ。表情豊かなタンク、象徴としての空冷直立単気筒エンジンといった外観の印象を左右する核の位置付けは 350と変わらない　3. 3,000rpm付近にトルクピークを設定したエンジン。出力カーブからもフラットで扱いやすいエンジン特性であることが分かる

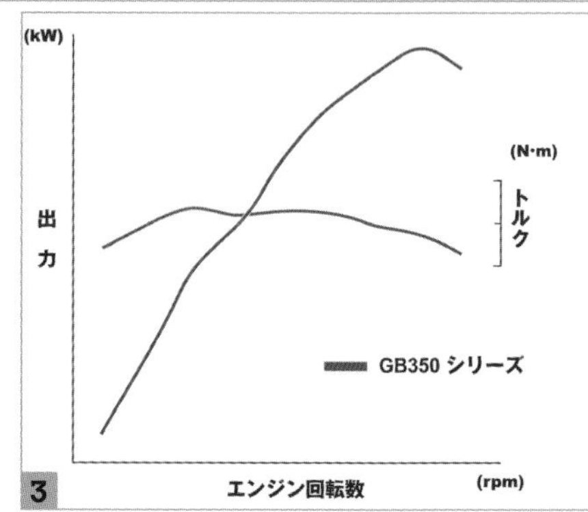

SPECIFICATION

		GB350	GB350S
車名・型式		ホンダ・8BL-NC59	
全長 (mm)		2,180	2,175
全幅 (mm)		790	780
全高 (mm)		1,105	1,100
軸距 (mm)		1,440	
最低地上高 (mm)		166	168
シート高 (mm)		800	
車両重量 (kg)		179	178
乗車定員 (人)		2	
燃料消費率 (km/L)	国土交通省届出値：定地燃費値 (km/h)	47.0(60)〈2名乗車時〉	
	WMTC モード値 (クラス)	39.4(クラス 2-1)〈1名乗車時〉	
最小回転半径 (m)		2.3	
エンジン型式		NC59E	
エンジン種類		空冷 4ストローク OHC 単気筒	
総排気量 (cm^3)		348	
内径×行程 (mm)		70.0× 90.5	
圧縮比		9.5	
最高出力 (kW [PS] /rpm)		15[20]/5,500	
最大トルク (N・m [kgf・m] /rpm)		29[3.0]/3,000	
燃料供給装置形式		電子式〈電子制御燃料噴射装置(PGM-FI)〉	
始動方式		セルフ式	
点火装置形式		フルトランジスタ式バッテリー点火	
潤滑方式		圧送飛沫併用式	
燃料タンク容量 (L)		15	
クラッチ形式		湿式多板コイルスプリング式	
変速機形式		常時噛合式 5段リターン	
変速比		**1速**：3.071　**2速**：1.947　**3速**：1.407　**4速**：1.100　**5速**：0.900	
減速比 (1次/2次)		2.095/2.500	
キャスター角 (度)		27°30′	
トレール量 (mm)		120	
タイヤ	前	100/90-19M/C 57H	
	後	130/70-18M/C 63H	150/70R17M/C 69H
ブレーキ形式		**前**：油圧式ディスク　**後**：油圧式ディスク	
懸架方式		**前**：テレスコピック式　**後**：スイングアーム式	
フレーム形式		セミダブルクレードル	
メーカー希望小売価格 (消費税込み)		561,000円	605,000円

カラーバリエーション

紹介した350のマットパールグレアホワイト、350Sのプコブルー以外の現行、および歴代のカラーバリエーションを紹介していく。

2021モデル

マットジーンズブルーメタリック

マットパールモリオンブラック

キャンディークロモスフィアレッド

パールディープ
マッドグレー

ガンメタル
ブラック
メタリック

2023モデル

マットパール
モリオン
ブラック

マットジーンズ
ブルー
メタリック

パールディープ
マッドグレー

ガンメタル
ブラック
メタリック

GB350/350S
純正アクセサリー・カスタマイズパーツカタログ

カスタマイズパーツカタログに掲載されているホンダ純正アクセサリー、カスタマイズパーツを紹介する。各アイテムはホンダ二輪正規取扱店やHondaGO BIKE GEARのウエブサイト（https://hondago-bikegear.jp）で購入可能だ。

積載系アイテム

ツーリング時等に重宝する、積載性をアップするためのアイテム。取り付けに別部品が必要な製品もあるので、注意したい。

サドルバッグ
タフで軽量な1680Dバリスティックナイロン製。容量10Lで左右に取り付けできるスモールと同14Lで左側用のラージあり。要専用ステー
¥19,360～22,770

サドルバッグステー
上記のサドルバッグに対応したステーで、350に適合する右用・左用、350Sに適合する右用・左用の4種がある
¥14,850～15,400

リアシートバッグ
ピリオンシート形状にマッチした容量約15～22Lのリアシートバッグ。取り付けには別売アタッチメント（¥2,970）が必要
¥17,820

リアキャリア
Φ22.2mmの鋼管を採用した350専用のリアキャリア。荷台面はピリオンシートと同じ高さで、ロープフック4点を装備する
¥22,000

デイトナ HB サドルバッグ
合皮製のクラシカルなサイドバッグ。容量9Lと12Lがあり後者は左側専用となる。要デイトナサドルバッグサポート
¥16,500/17,600

デイトナ サドルバッグサポート
スチール製のサドルバッグサポートで、350用には右用・左用が、350S用には左用を設定。左用はヘルメットホルダーが付く
¥11,550～14,080

デイトナ HB シートバッグ カーボン調合皮 / ブラック
カーボン調とブラックの合皮を使ったシートバッグで、許容積載量は3kgとなっている
¥9,900

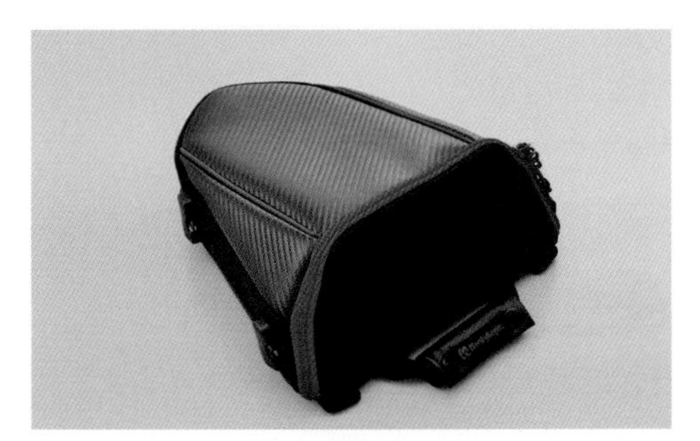

デイトナ HB シートバッグ カーボン調 / レッド
縦約285mm、横約250mm、高さ約110mm サイズで容量 4Lとなるシートバッグ。アイキャッチの赤がカスタム感を演出する
¥9,900

デイトナ HB シートバッグ ブラック
ブラックの合皮で作られたスタイリッシュなシートバッグ。レインカバー付属で雨の日も安心だ
¥9,900

外装系機能アイテム

外装部品の中でも、機能性を同時にアップできるものを紹介する。他部品との組み合わせに制限のある部品もあるので気をつけよう。

メーターバイザー
胸周りの風当たりを和らげる幅255mm、高さ115mmのバイザー。ステーはスチール製、バイザーはスモークのポリカーボネート製となる
¥13,200

ロングバイザー
上半身へ当たる風を和らげ快適性を向上させる、幅320mm、高さ355mmのロングバイザー
¥19,800

バックレスト
パッセンジャーの安心感と乗り心地を両立した、Φ22.2mm の鋼管を使ったバックレスト。350専用
¥35,200

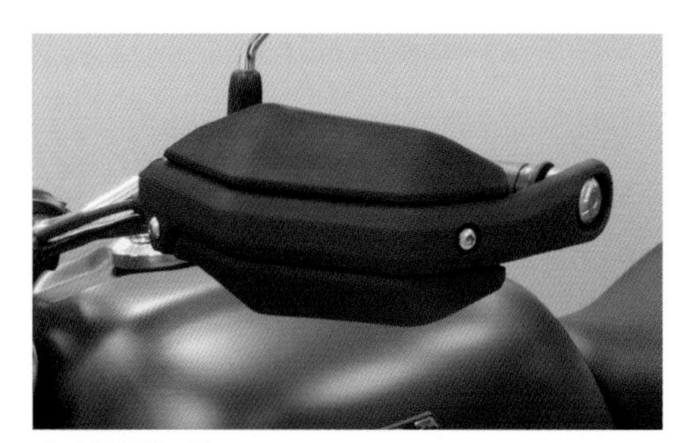

ナックルガード
走行風や雨などを防ぎ快適性を向上。クローズエンド形状樹脂フレームで剛性感もバッチリ。左右セット
¥5,500

キタコ エンジンガード
軽い転倒等におけるエンジンへのダメージを軽減してくれる。スチール製、ブラック塗装仕上げ。左右セット
¥16,500

デイトナ パイプエンジンガード（ロアー）
スチール製マットブラック塗装仕上げのエンジンガード。認証工場での取り付けとなる
¥33,000

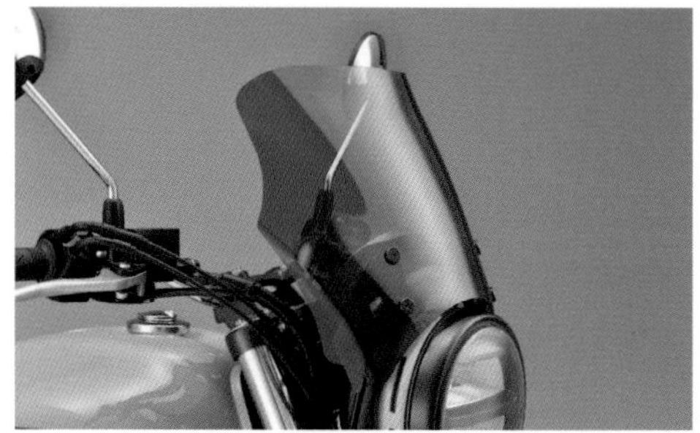

デイトナ ブラストバリアーキット
体に当たる走行風を軽減してくれるスタイリッシュなスクリーン。カラーはスモークとクリアがある
¥29,700

デイトナ スロットルボディカバー
スリット入りプレートでスロットルボディをドレスアップ。スチール製、左右セット
¥5,280

電装アイテム

作動に電気を必要とするがとても便利な電装系アイテム。取り付けは大変な部分があるが、利便性は必ず感じられるはずだ。

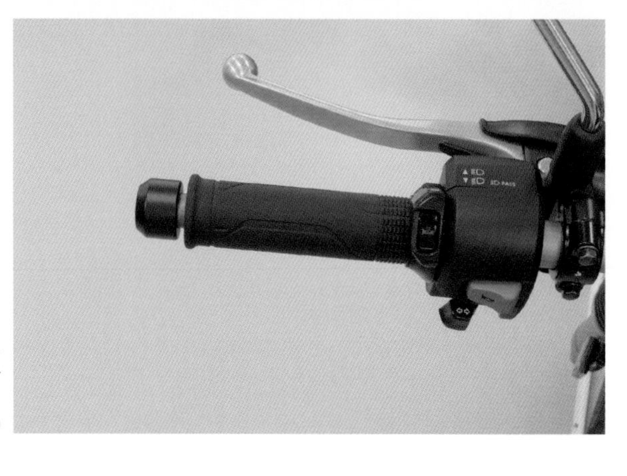

スポーツ・グリップヒーター
標準グリップと同等の太さのグリップヒーター。出力レベルは5段階に調整可能。要取付アタッチメント（¥16,060）
¥16,170

USB ソケット（TYPE-C）
純正ならではの使いやすいメーター横マウントのソケット。接続した機器を自動判別し最適な給電が可能
¥7,590

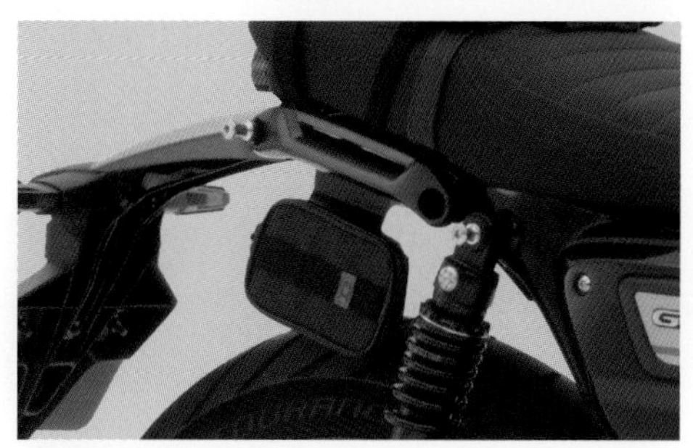

キジマ ETCケース
日本無線社、ミツバサンコーワ社製アンテナ別体型ETCに対応するケース。要キジマETCケースステー（¥3,850）
¥2,860

ドレスアップアイテム他

愛車を彩ってくれるドレスアップパーツを中心に、走行性能に関わる足周り用パーツを紹介する。好みに合わせて選んでいこう。

サイドタンクパッド
しっかりした厚みでニーグリップしやすくするとともに、タンクの傷防止にもなるパッド。両面テープ貼付けタイプ、左右セット
¥3,300

メインシート
右記シングルシートカウルと併用する350専用シート。一人乗り専用となるので車検証の記載変更が必要。色は黒とブラウン
¥15,950

シングルシートカウル
350専用設計のリアビューをスポーティにするアイテム。要専用メインシート。純正リアキャリア、バックレスト等との併用不可
¥28,050

サイドカバーガーニッシュ
クロームメッキ仕上げとされた立体造形のガーニッシュ。350専用で、取り付けは両面テープを使用する
¥6,380

ヘッドライトカウル
フロントビューをスポーティに変貌させるABS製カウル。クリア仕様となるバイザー部の幅は約280mm
¥16,500

ワイドステップ

標準ステップより前後に10mmワイドとしつつバフ仕上げアルミブラケット使用で高級感も得られる。350専用

¥5,500

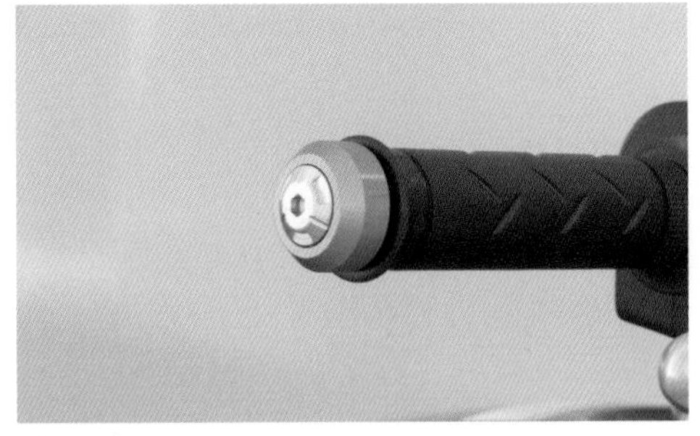

グリップエンド

強度と耐腐食性に優れた6,000番系アルミを削り出して作ったグリップエンド。左右セット

¥2,200

エンジンアッパーパイプ

Φ28.6mmの極太鋼管製で力強さを演出する。エンジンガードとしての機能を保証するものではないので注意

¥16,500

アクティブ 153GARAGE アルミスキッドプレード

飛び石や泥はねによる車体の汚れの軽減効果が期待できるアルミ製スキッドプレート

¥15,400

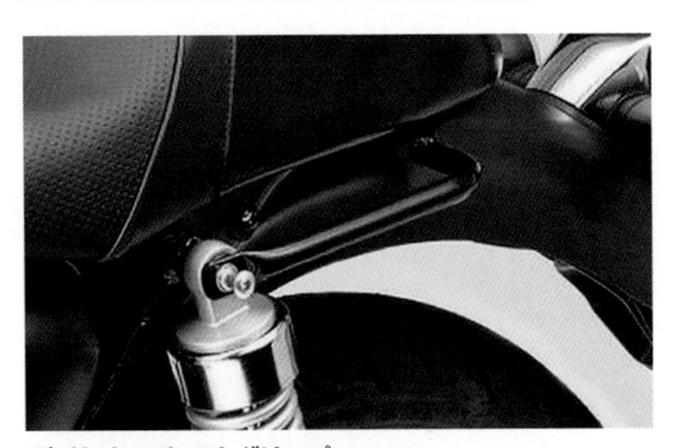

デイトナ アシストグリップ

タンデムや荷物の積載、取り回し性向上など様々な効果が見込める350用アイテムで右用と左用がある

¥5,280

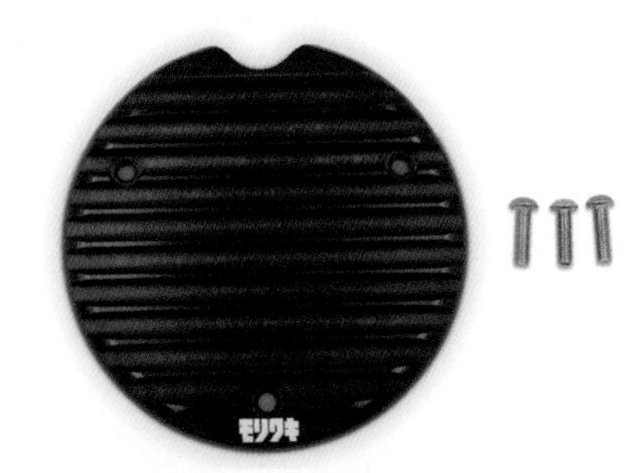

モリワキ クランクケースカバー L

アルミ削り出しのフィン付きデザインで、エンジンの表情を引き締めてくれる。ブラックアルマイト仕上げ

¥13,750

モリワキ クランクケースカバー R

純正のメッキカバーから交換することでエンジンをよりシックに演出。アルミ削り出し製アルマイト仕上げ

¥13,750

モリワキ オイルフィルターカバー

オイルフィルター部にカスタム感を付け加えるアルミ削り出しのカバー。ブラックアルマイト仕上げ

¥13,750

モリワキ ステップバーキット D8 70mm

ミル加工されたレーシングステップバーを装着できるキット。メインステップに適合しエンドキャップとブラケットが付属する

¥14,080

モリワキ マスターシリンダーキャップ（リア）

アルミ削り出しのマスターシリンダーキャップでリア用。カラーはブラック、シルバー、チタンゴールドの3種

¥3,850

デイトナ HIGHSIDER バーエンドミラー モンタナ

新基準適合サイズのアルミ削り出しのバーエンドミラー。取り付けには別売アダプター（¥4,950）が必要。1本売り

¥9,900

タナックス エーゼット3ミラーEX ブラック

金属製にこだわった日本製のミラー。左右兼用の汎用品で、価格は1本あたりのもの。スチール製ブラック塗装仕上げ

¥4,290

プロト PRINT ニーパッド ブラック

ブラック、グレー、ブラウンから選べるクラシックイメージのニーパッド。左右セットで PVC 製の貼付けタイプ

¥3,300

フロントフォークブーツ

クラシカルなスタイルにしつつインナーチューブの傷つき等もガード。ラバー製でカラーはブラック、350用

¥4,400

アクティブ HYPERPRO ツインショック T360 エマルジョンボディ

ワインディングからサーキットまで、幅広いシチュエーションに対応可能で乗り心地も快適。2本セット

¥148,500

キタコ GEARS リアショック

プリロード調整、伸び側減衰調整、車高調整機能を備えた高性能リアショック。アルミボディ採用、2本セット

¥92,400

GB350 BASIC MAINTENANCE

GB350ベーシックメンテナンス

安全な走行を実現し、愛車の寿命を伸ばすためには、点検と整備が必要だ。ここではオーナーに求められる基本的な点検および整備の方法について解説する。ぜひ身につけ実践してほしい。

協力＝ホンダモーターサイクルジャパン／ホンダドリームふかや花園

安全運転は点検が支える

GB350のような最新技術で作られたバイクは、以前に比べメンテナンスが必要となる箇所が減り、そのスパンも延びている。しかしそれは減ったり延びたりしただけで、必要なくなったわけでは決してない。例えばタイヤ。これはバイクの性能を担保する上で最重要部位であり、なおかつ昔から変わらない消耗品だ。エンジンオイルやドライブチェーンも使うほどに劣化してしまう。ここで点検する項目はバイクに乗る前、必ず実施したい基本かつ重要なものばかり。プロならではの確実な実施方法を紹介しているので熟読し、日々の実践の糧としてほしい。そして異常が認められたら、速やかにホンダドリームのような信頼できるショップにメンテナンスを依頼するようにしよう。

TIRE

タイヤ

バイクにおける唯一の接地点であるタイヤ。走行性能の基盤でありながらちょっとしたことで状態が悪くなりかねない繊細な部品でもある。大丈夫と過信することなくこまめに点検すること。空気圧点検は走行前、タイヤが冷えた状態で実施すること。

01 まずフロントから。タイヤ表面の全周を目視し、傷や亀裂がないか、異物が刺さっていないか点検する

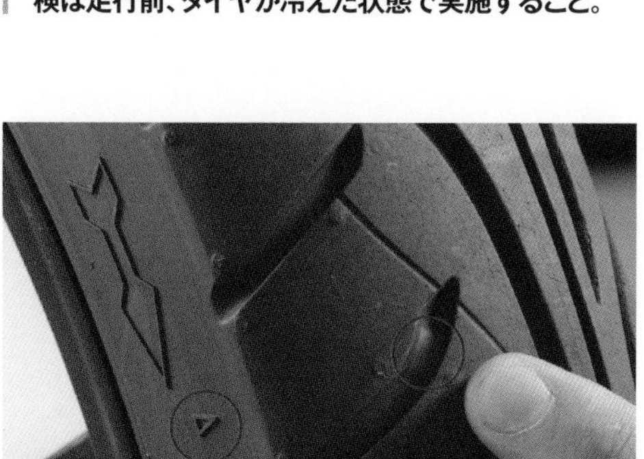

02 溝の深さを見る。三角印の延長線上にあるウェアインジケーターが露出し溝を分断していたら寿命だ

03 空気圧を点検するためにバルブのキャップを取り外す。空気圧は最低でも月に1度は点検しよう

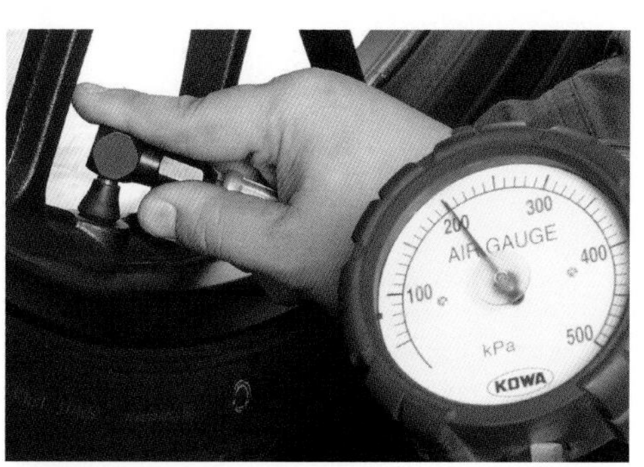

04 空気圧計をまっすぐ押し当て空気圧を測定する。指定値は350で 200kPa、350Sは250kPaだ

05 空気圧の測定、調整が終わったらキャップを取り付ける。バルブ保護のための必須パーツだ

続いてリア。フロント同様、接地面、サイドウォールともに異常がないかを目視点検する。タイヤの損傷はパンクに直結するので、乗車前に毎回しておきたい

06

07 溝の深さを点検する。フロント同様ウェアインジケーターで判断するが早めの交換が望ましい

08 空気圧は350の1名乗車時は200kPa、2名時は225kPa。350Sはいずれの場合も250kPaとなる

09 点検、調整を終えたらバルブキャップを取り付ければ終了だ

BRAKE

ブレーキ

安全上、タイヤの次に重要なのがブレーキだ。これが正常に動作しなければ事故は避けられないので、乗車前には必ず点検すること。制動性能を生むブレーキパッドは消耗品なので、最低でも月に1度は点検するようにしたい。

フロント

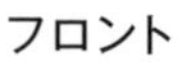

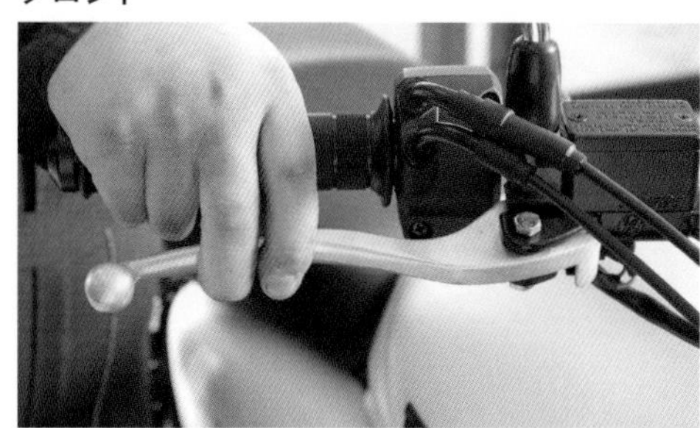

01 ブレーキレバーを握り、固い握り心地があるか、その状態で車体を前後に押しても動かないかをみる

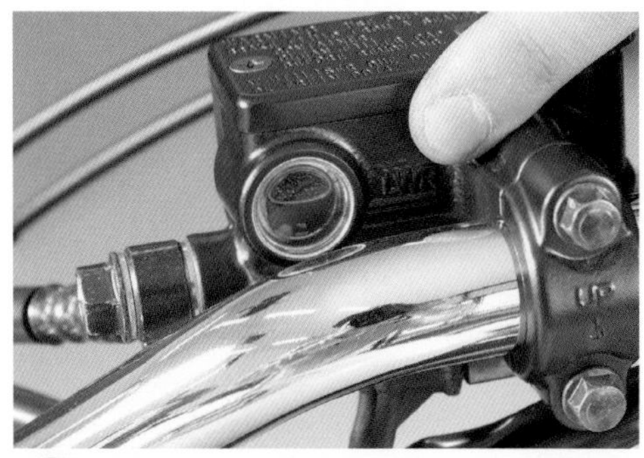

02 ブレーキレバー根元にあるリザーバータンクの点検窓を見て、液面がLWR以上かを点検する

03 液面が低い場合、ブレーキパッドの厚みを点検する。矢印部にある線まで減っていたら寿命だ

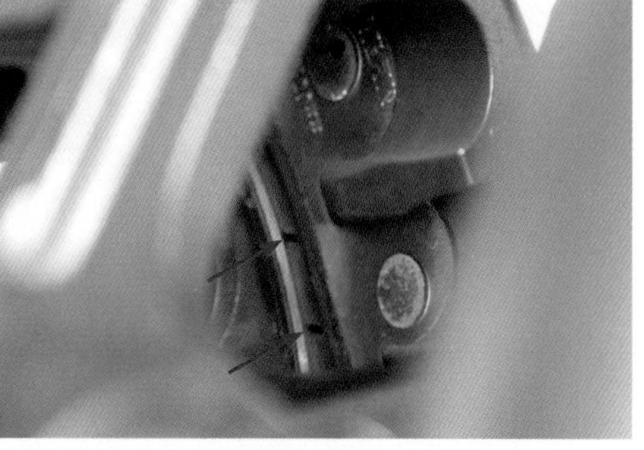

04 フロントのブレーキパッドは使用限界溝のある前後の側面が見にくい。おすすめとしては車体左右からパッド下側をみて、溝が確認できなければNGとする方法だ

リア

01 リアもまずブレーキペダルを踏み、固い足応えがあるか、しっかり利いているかをチェックする

02 ステップ上にあるリザーバータンクの液面を確認。LOWER以下なら漏れやパッド残量を点検する

03 フロントフォークなど邪魔なものがないリアの点検は容易。真後ろからパッドの側面を見て、摩耗限界溝がブレーキディスクに達していたら交換時期だ

LIGHT

灯火類

ヘッドライトやウインカー、テールランプで構成される灯火類は、自分の存在、進行方向や減速といった行動を周囲に知らせることで安全に貢献している。GBの灯火類はLEDを使い故障のリスクは低いが、作動確認は乗車前必ずやっておこう。

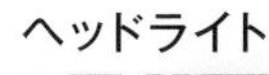

ヘッドライト

01 GBのヘッドライトは上下分割式で、LOの時は上だけ点灯するのが正常な状態

02 スイッチを切り替えHIにすると、下側も点灯する。異常があった場合、ライトまるごと交換となる

ウインカー

01 スイッチを操作し、ウインカーが正しく点滅するかを点検する

02 リアも同様にして点検する。またハザードスイッチ操作時に左右同時点滅するかも点検しておく

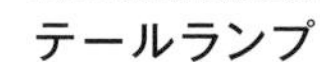

01 最後はテールランプ。まずポジションランプが点灯するかをチェックする

次に前後ブレーキ操作時にブレーキランプが点灯するかを点検する。写真のように手をかざすか、壁に照らして点検する

02

CLUTCH

クラッチ

クラッチは、レバーの最初の位置から実際にクラッチが切れ始めるまでの握り代=遊びが決められている。調整方法を紹介するが、調整後はエンジンを掛け、シフトチェンジがスムーズにできるか、飛び出しやエンスト等がないか確認すること。

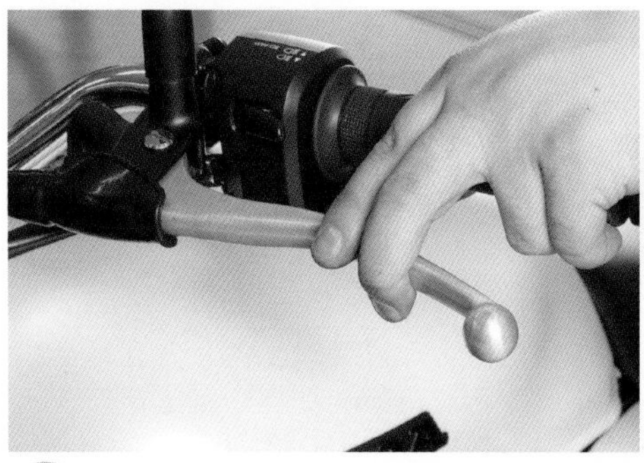

01 レバーを操作しクラッチの切れ始める位置を確認する。レバー先端を基準にして10～20mmが適正な遊びの量となる

02 調整はまずレバー側で行なう。最初にゴムカバーをずらし、アジャスターを露出させる

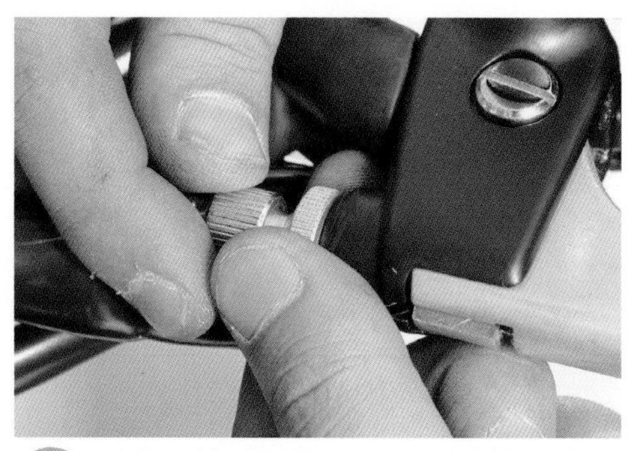

03 レバーに近い幅の狭いロックナットを緩める（前から後に回す）

04 アジャスターを回し遊びを調整する。前から後に回せば遊びは減り、逆に回せば増える

05 調整を終えたらアジャスターを押さえつつロックナットを締めて固定。カバーを元に戻す

06 ハンドル側で調整しきれない場合、エンジン側で調整をする。事前にハンドル側の遊びを最大にする

07 アジャスターを14mm レンチで回り止めしつつ右側のロックナットを 12mm レンチで緩める

08 向かって左のアジャスターを14mmレンチで回し調整する(上から下に回すと遊びが減る)

09 アジャスターを回り止めしつつロックナットを締め付ける。調整後は走行前にクラッチ動作を確認する

ENGINE OIL

エンジンオイル

エンジン性能を発揮する上で様々な働きをしているエンジンオイル。その量は重要で月に1度程度は点検したい。またメーカーは初回は1,000km走行後または一ヶ月経過後、以後3,000km走行後または1年毎の交換を推奨している。

01 エンジンオイル量の点検は、エンジン右側、この位置にあるレベルゲージで行なう

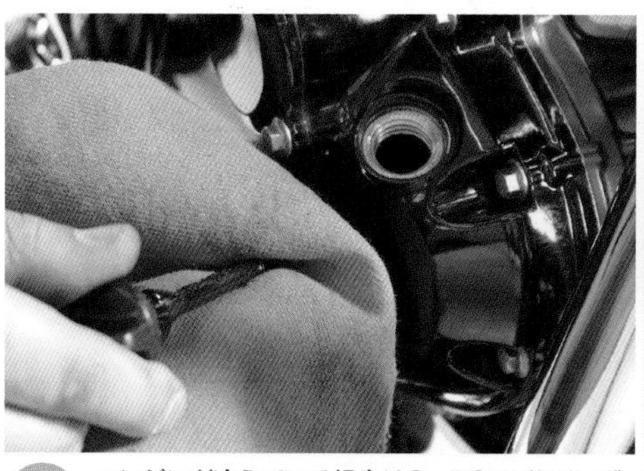
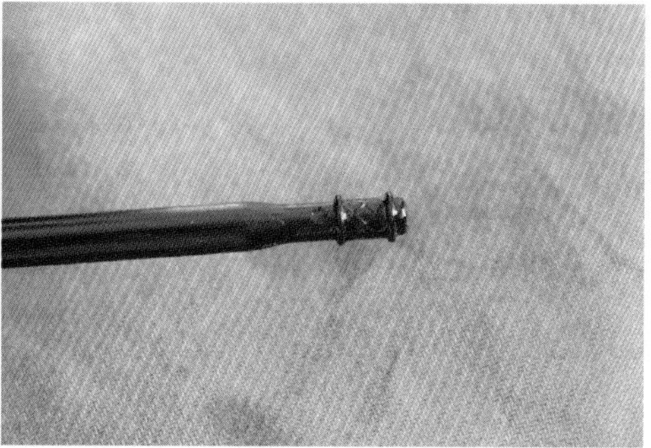

02 エンジンが冷えている場合は3～5分アイドリング。その後エンジンを止め2～3分後にメインスタンドをかけオイルレベルゲージを抜き、先端に付いたオイルを拭く

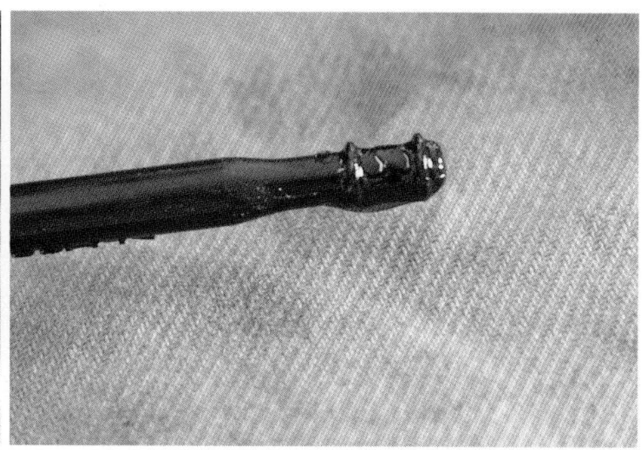

03 レベルゲージを差し込み（ねじ込まないこと）、付いたオイルが先端の上下の線の間にあるかをみる。オイルが付かない場合、上の上限線までオイルを補充する

DRIVE CHAIN

ドライブチェーン

ドライブチェーンは雨天走行後や汚れた時の洗浄と注油が大切だが、たるみ具合も重要点検ポイント。適正外だとシフトがしにくくなる、サスペンションの動きが悪くなるといった悪影響が出る。ここでは調整方法についても紹介する。

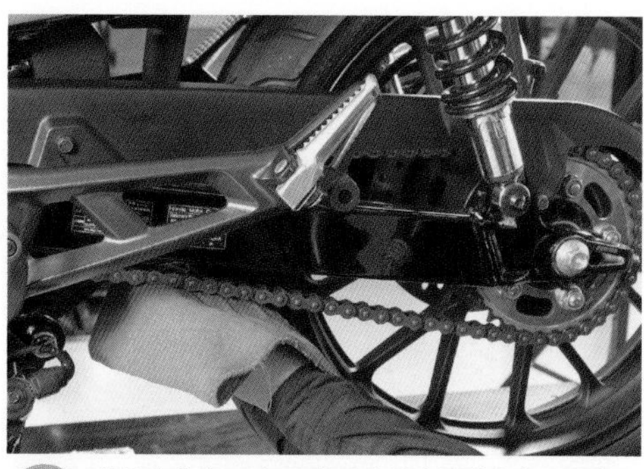

01 ドライブチェーンのたるみは中間点となる写真の位置で点検する

02 ドライブチェーンを上下に動かした時の振れ幅を測る。25～35mmが適正で、これはチェーンの複数箇所で測り、場所により異なるなら交換が必要だ

03 たるみが適正でない場合は調整する。まずアクスルシャフト（左）側を19mmレンチで押さえつつ右側のナットを24mmレンチで緩める

04 銀色のアジャスターにある印とスイングアーム後端の位置関係を参考にしながらアジャストボルトを8mmレンチで回し、たるみを調整する

05 印の位置関係が左側と同じになるよう右側も調整する

06 アクスルシャフトを回り止めし、ナットを88N・mの締付けトルクで締める

BATTERY

バッテリー

高度に制御されたGBにおいてバッテリーは最重要部品の1つ。時折ターミナル部をチェックし、汚れ等があれば清掃する。また電装系に不調を感じたら電圧を測定し、必要に応じて補充電や新品への交換をするようにしよう。

01 バッテリーへアクセスするため左サイドカバーを外す。まずキーを使い、下部のロックを解除する

02 下端部と向かって右上部を手前に引いて浮かせてから全体を上に動かすと、サイドカバーが外せる

03 サイドカバーが外れた状態。○印部にサイドカバーと噛み合う凸部やグロメット、キーの受けがある

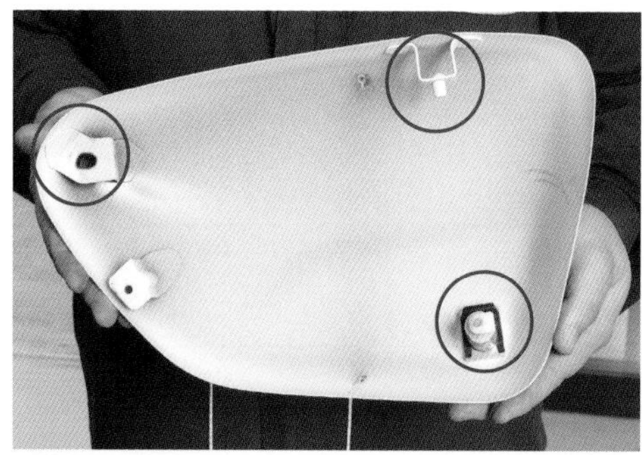

04 こちらはサイドカバー裏側。前側上に下向きの凸部があるので、上に動かして外す必要があるのだ

05 バッテリー電圧確認のため、プラス端子のカバーをずらす

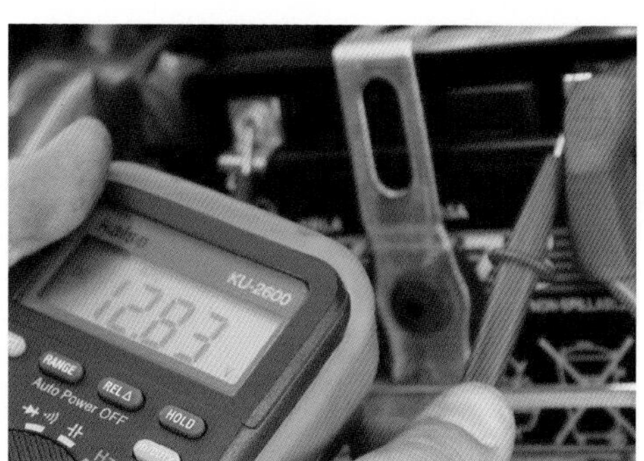

06 サーキットテスターで電圧(直流電圧)を測る。12.8V未満なら補充電をしたい

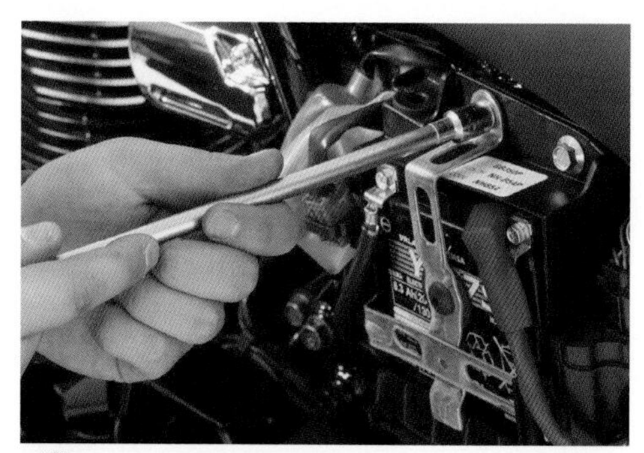

07 ターミナル点検のためバッテリーホルダーを外す.まずこの位置のボルトを10mmレンチで外す

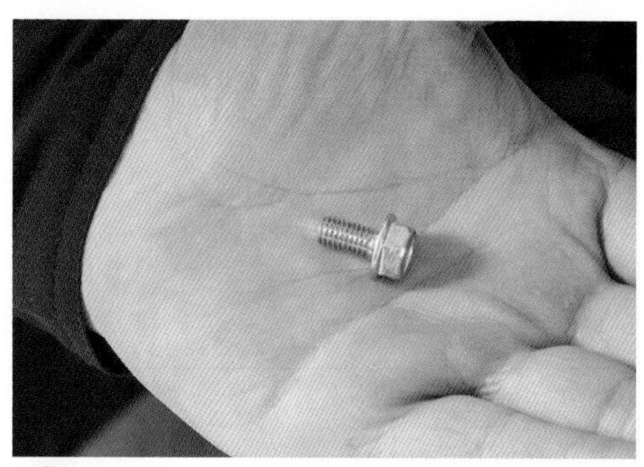

08 使用されているボルトはこれ。紛失しないよう保管しておく

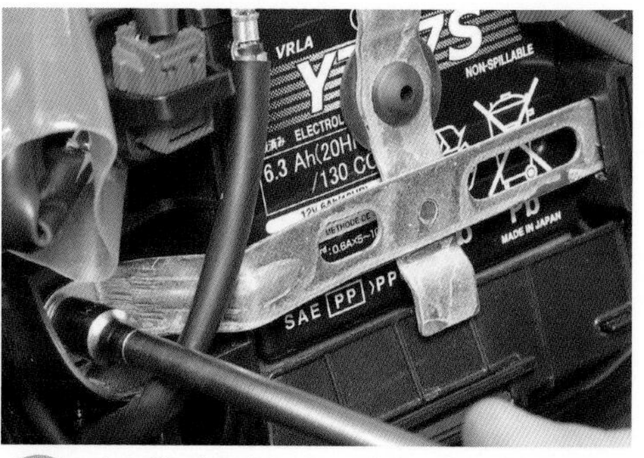

09 ホルダーを固定しているもう一本のボルトはこの位置にあるので、10mmレンチで外す

10 右側が差し込みになっているので、それを引き出しつつバッテリーホルダーを取り外す

11 マイナス端子を外す（端子は必ずマイナスから外すこと）ため、ボルトをプラスドライバーで外す

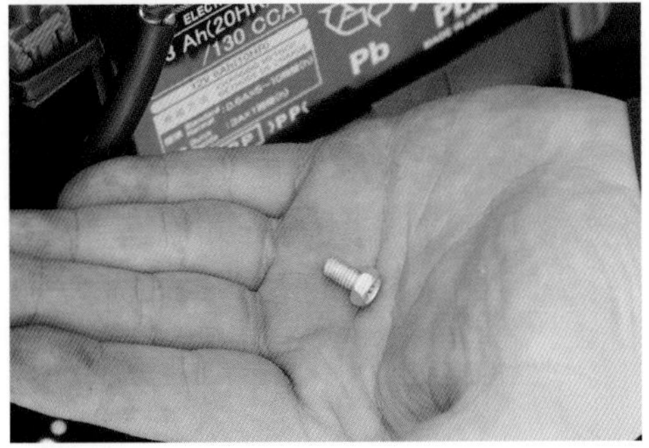

12 ターミナルとコードを接続しているボルト。これもきちんと保管しておく

13 同じくプラスドライバーを使い、プラス端子を留めているボルトを外す

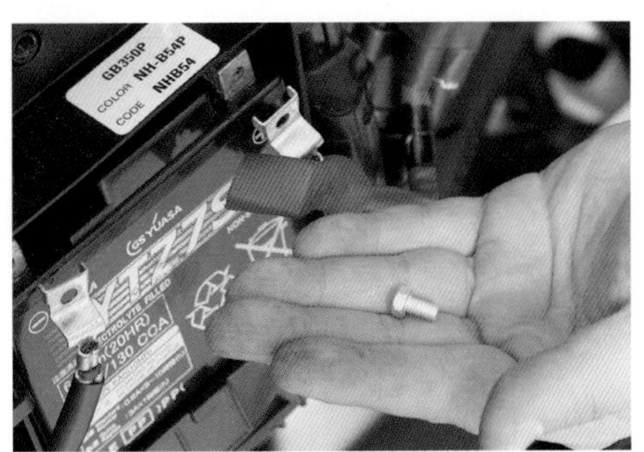

14 プラス側の固定ボルトはマイナス側と同じものが使われている

15 バッテリーコードを左右に避け、バッテリー下部を覆うゴムカバーを手前に開く

16 ゴムカバーを引くとバッテリー下のトレイが見えるので、そこに指をかけてバッテリーごと手前に引いて外す

17 これがバッテリーのトレイだ。取付時はこの上にバッテリーを乗せてから車体に戻す

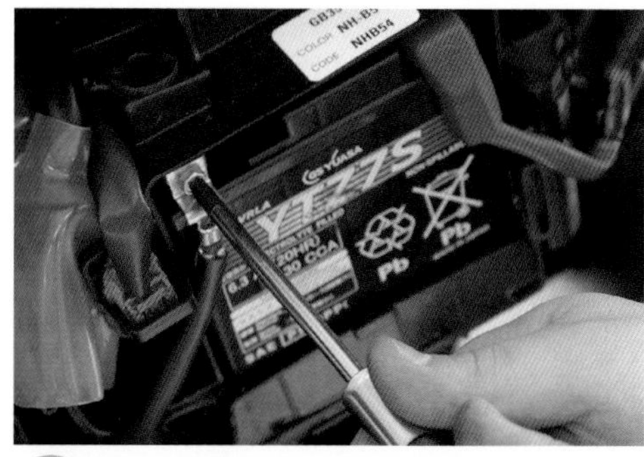

18 ターミナルの汚れはぬるま湯ですすぐかワイヤーブラシで洗浄後、プラス、マイナスの順で端子を繋ぐ

19 バッテリーホルダーは右側を差し込みつつ、コードを避けながら元に戻し、ボルトで固定する

20 サイドカバーを取り付ける。まず左上にあるサイドカバーの凸部を車体側のグロメットに差し込む

21 左上を取り付けたら右上を車体側へ押し、車体側の凸部をサイドカバーのグロメットに差す

22 下端部を車体に密着させ、キーでロックすれば取り付け完了だ

FUSE

ヒューズ

電装系全体が不調の場合バッテリーを疑いたいが、特定の部位が動かない場合はヒューズを点検したい。ヒューズが切れていた場合、交換して対処するが、交換してもまたすぐ切れる時はショートが疑われるのでショップに相談しよう。

01 ヒューズを点検するためにシートを外す。350では後端のボルトを5mmへキサゴンレンチで外す

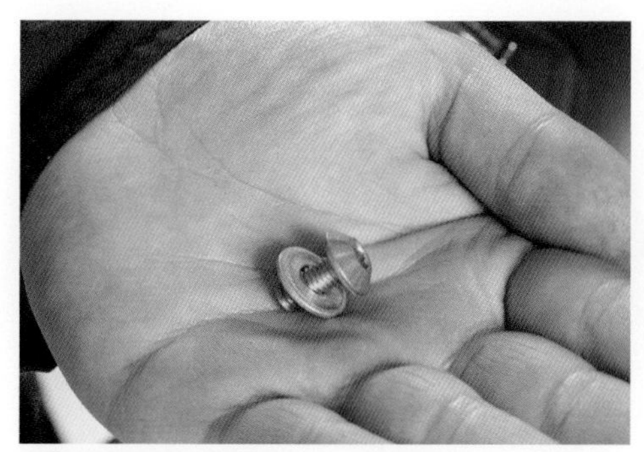

02 固定ボルトにはワッシャが併用されている。350Sの場合、後端側面をボルト2本で固定している

03 ボルトを外したら、シートを後ろにずらしてから持ち上げると、車体から取り外せる

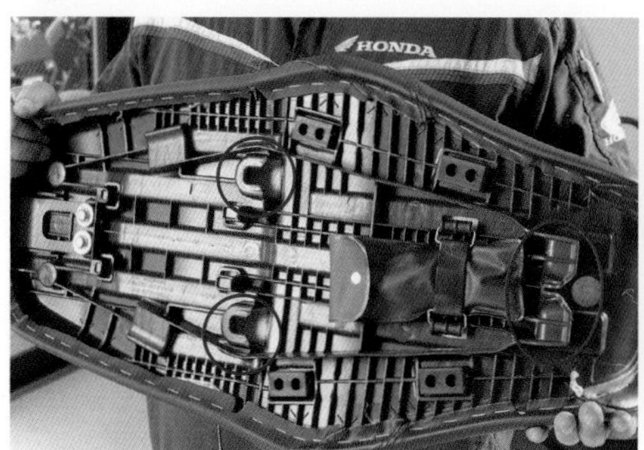

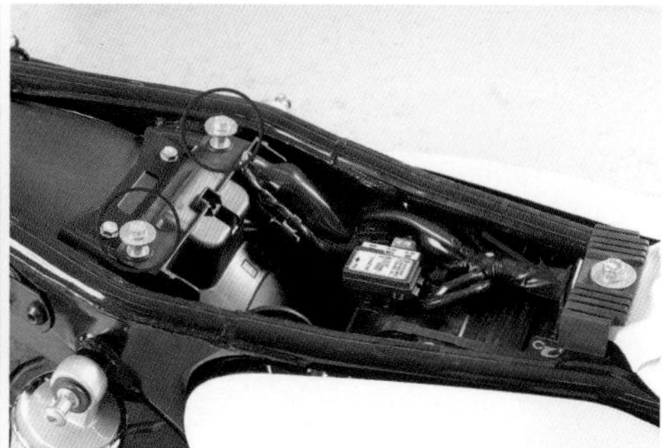

04 シート裏面には3点の凸部が、車体側には対応する位置にガイドがある。脱着時の参考にしてほしい

車体側ガイドの中間部にヒューズボックスがある。その蓋には中にある各ヒューズがどの電装系のものかを示すシールが貼ってある。これを参考に不具合が出ているヒューズを外して点検していく

05

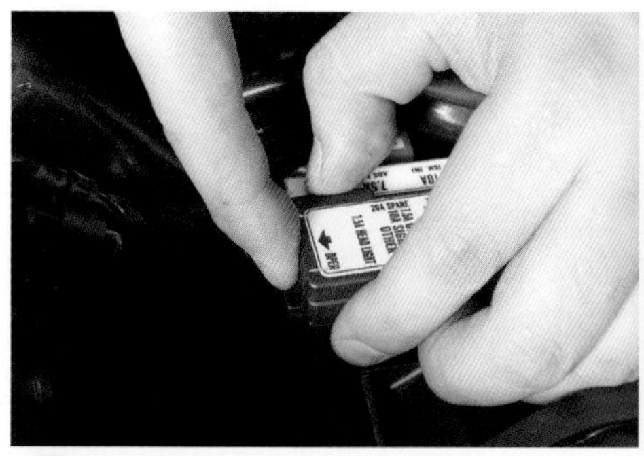

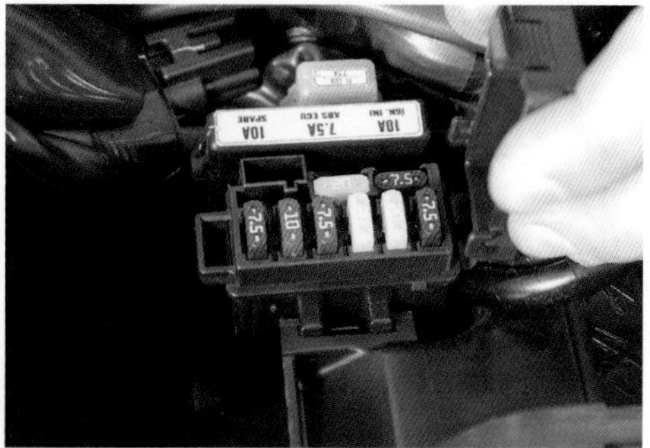

06 一番大きなヒューズボックスは後ろ側に爪があるので、それを押してロックを解除しつつ蓋を開ける。ここには20Aと7.5Aのスペアヒューズも収められている

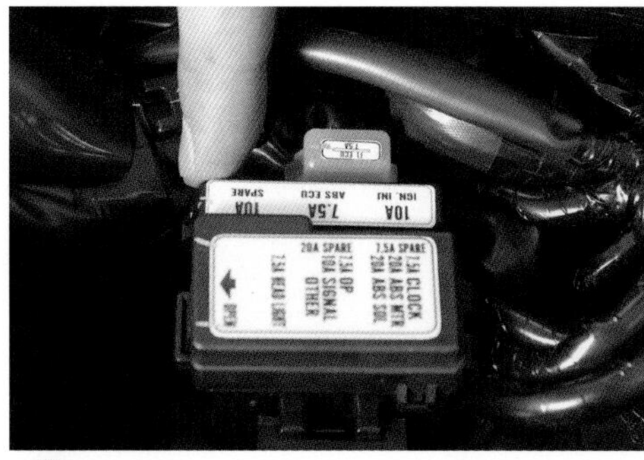

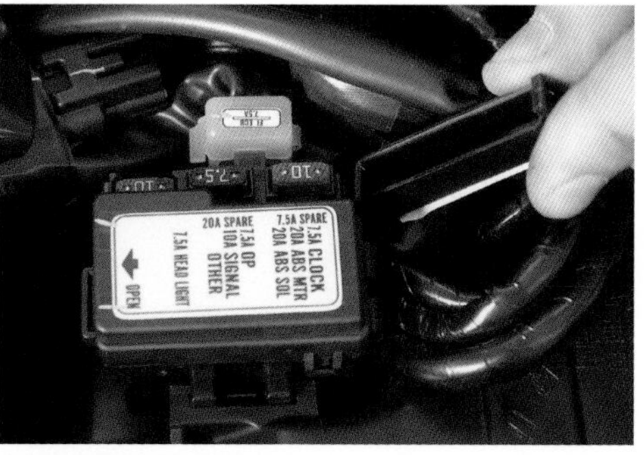

07 小さなヒューズボックスも後ろ側に爪があるので、それを押して蓋を開ける。ヒューズが3つあるが、一番後ろ、沈んでいるのは10A用スペアだ

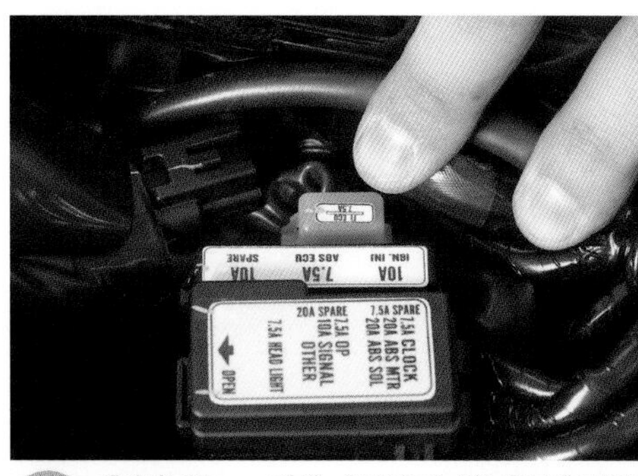

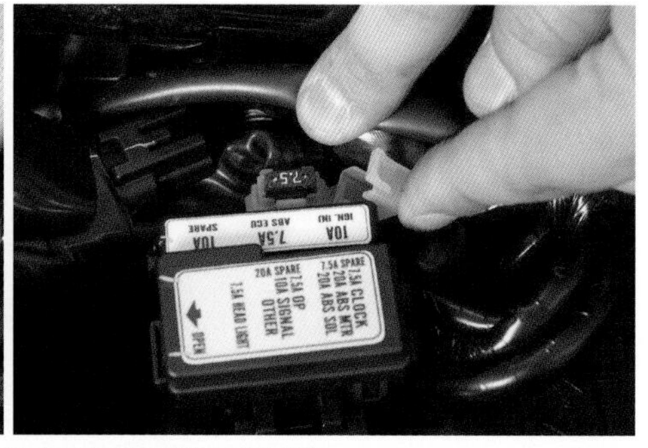

08 乳白色のヒューズボックスはエンジンを司るECU用で、これも後ろ側の爪を解除すれば蓋を開けられる

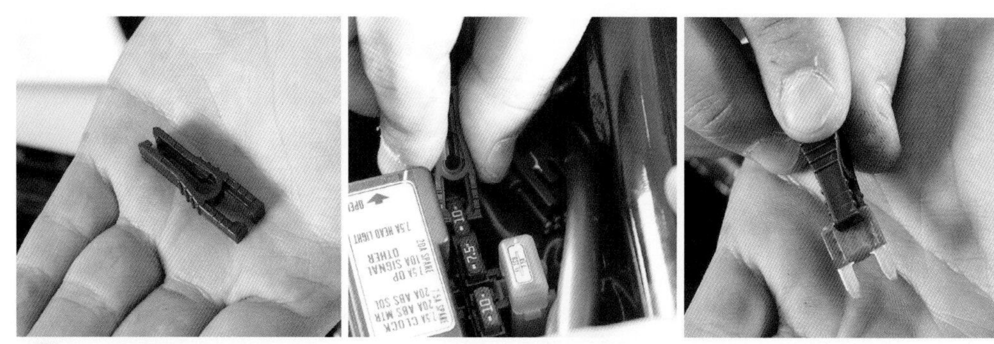

09 シート裏側にある工具袋にはヒューズプーラーが入っている。これを使えば、小さなヒューズを簡単に引き抜ける

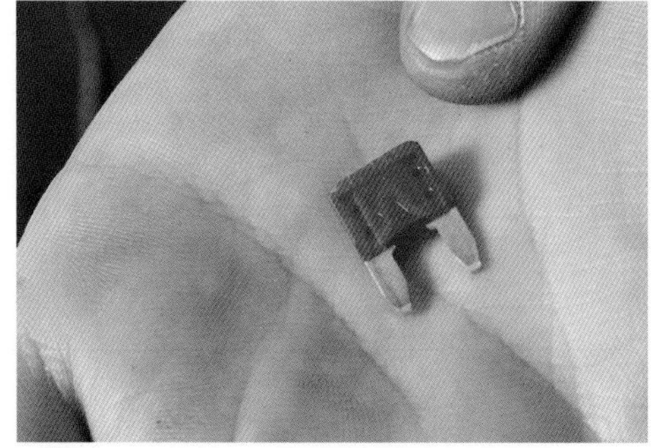

10 ヒューズの左右の柱を繋ぐ線が切れていないか点検する。切れていたら同Aのヒューズに交換する

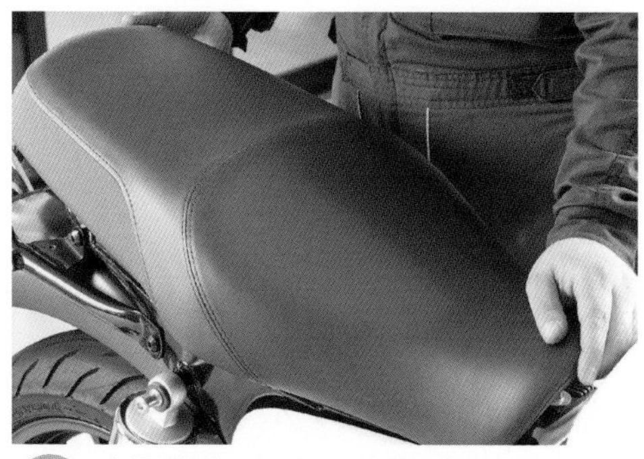

11 点検が終わったらシートを取り付ける。シートを後ろにずらした状態で車体にセットする

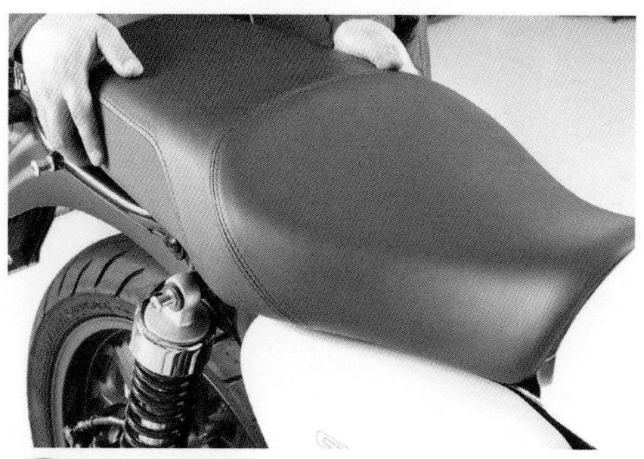

12 04を参考にすべてのガイドと凸部を噛み合わせ、持ち上げても浮かないことを確認する

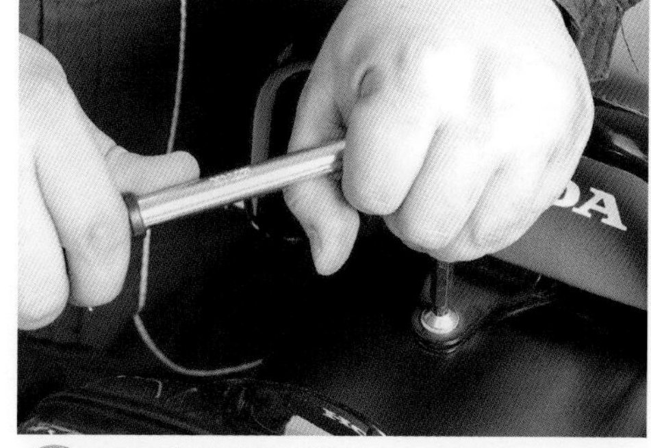

13 固定ボルトを取り付けしっかり締め付ければ点検終了となる

CLOCK ADJUSTMENT

時計設定

バッテリーを長時間外した場合など、時計の時刻がずれてしまうことがある。そんな時に時刻を合わせる方法を紹介する。メーターには左側面に表示や設定を変えるためのボタンがあり、設定はその2つのボタンを使って行なっていく。

01 上のSELボタン、下のSETボタンの両方をECO表示灯が点滅するまで長押しする

02 SETボタンを押すと時計設定モードになり、時が点滅する

03 SELボタンを押して時を調整する。調整し終えたらSETボタンを押し分の調整に映る

04 SELボタンは長押しすると数字が早く進む。調整を終えたらSETボタンを2回押すか約30秒待つ

POINT

メーターの設定は4種ある

ここでは時計設定をしたが、GBのメーターは設定できる項目が4種あり、それは決まった順番でしか行なえない。その順番とはECO表示灯設定、時計設定、ディスプレイの明るさ調整、燃費単位切り替えだ。各設定はSETボタンを押すと順に切り替わり、約30秒ボタン操作がないと、通常表示に戻るようになっている。

BREATHER DRAIN

ブリーザードレーン

エンジン作動時に発生する油分を含んだ気体、ブリーザー。これは多くがエアクリーナーボックスとエンジン内で循環しているが、一部は液体となりブリーザードレーンに溜まるため、1年に1度程度、清掃が必要になる。

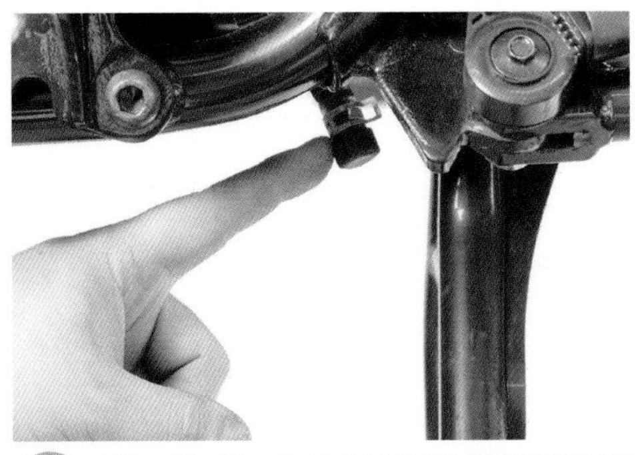

01 ブリーザードレーンはメインスタンド付け根付近にある。エンジンやマフラーが熱い時は火傷に注意

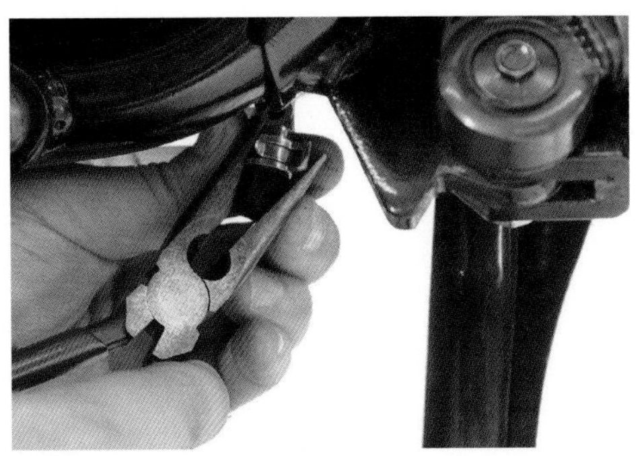

02 ブリーザードレーンプラグを留めているクリップをペンチを使い上にずらす

03 下に受け皿を用意してからプラグを抜き、堆積物を排出。プラグを差しクリップで固定すれば完了だ

Special thanks

ツーリングの拠点としても人気

関越道花園ICすぐに店舗を構えるホンダドリームふかや花園。開店は2020年で美しく最新設備を備えていることもあり、遠隔地からの来店も多い。ツーリング先として人気の秩父への玄関口にあるため、同店でレンタルバイクを借りツーリングへ向かう人も多いとのこと。情報発信やバイクの楽しみを助けることに注力しているというホンダドリームふかや花園なら、きっとあなたのバイクライフを充実させてくれることだろう。

岡田 健太 氏

取材に対応して頂いた岡田さんは若手ながら確かな技術を持つ同店のサービスマン。小さい頃からモトクロスに触れてきた生粋のバイク好きだ

ホンダドリームふかや花園

埼玉県深谷市荒川135-2

営業時間 10:30〜18:00　定休日 毎週水曜日、第一、最終を除く火曜日

URL　https://honda-dream-japan.co.jp/shop/fukaya/

Tel　048-598-3819

GB350／350S カスタムセレクション

GB350/350S CUSTOM SELECTION

ノーマルの完成度が高いGB350/350Sだが、カスタムベースとしてのポテンシャルも高い。ここではそれを証明してくれる、パーツメーカー、ショップのカスタム車両を紹介していく。パーツの組み合わせの妙が生む全体の完成度の高さは、参考になるはずだ。

撮影＝小峰秀世／佐久間則夫／ダートフリーク／マジカルレーシング／キタコ／キジマ

カスタムの楽しさを味わってもらうために

2022年のモーターサイクルショーに向けて製作されたこのGBは、カスタムの楽しさをユーザーに味わってもらうべく再現性＝使用パーツを市販することを前提とし、また同年のデイトナ創業50年にちなんで開発された。全体コンセプトはネオクラシックとし、セパハン、シングルシート風シート、アルミフェンダーでセットアップ。外装、ホイールもリペイントすることでイメージを一変させている。ここまでの完成度ながら、パーツはほぼ市販品で再現可能なのだからありがたい話である。

1. セパハンキットでスポーティなフォルムに一新。羽の模様が印象的なペイントはフリースタイルペイントによるもの　**2.** VELONA電気式タコメーターΦ 41　**3.** タンク別体のデイトナ・ニッシンマスターシリンダー、ハイビジミラーを装着　**4.** ステンレスショートフェンダーでフロント周りを引き締める

デイトナ　https://www.daytona.co.jp

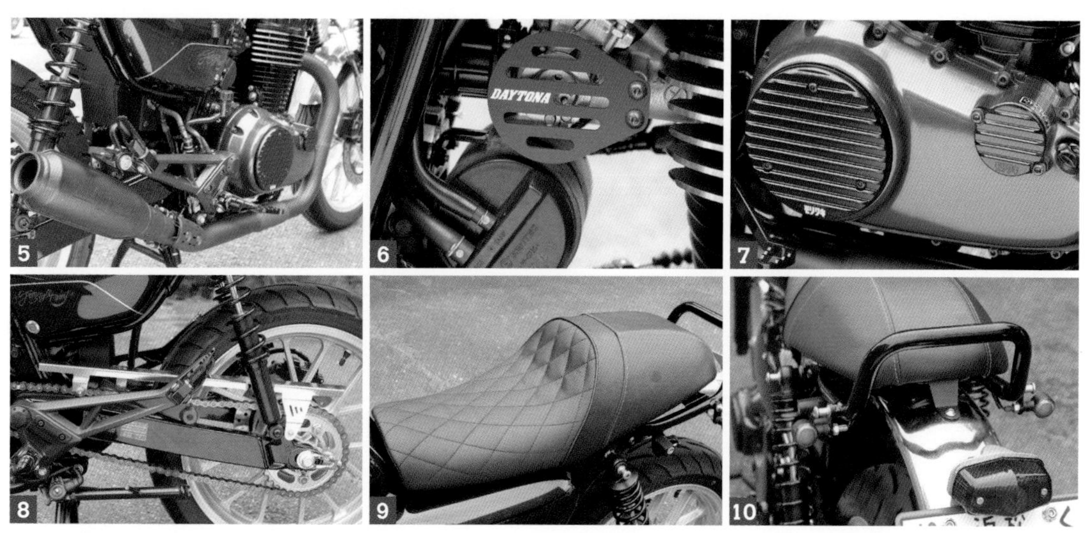

5. マフラーはいずれもモリワキの手によるB.R.Sフロントパイプ、スリップオンエキゾーストモンスターの組み合わせ。ステップバーは前後ともデイトナPREMIUM ZONEだ　**6.** エンジンにより精悍なイメージを加えてくれるスロットルボディカバー　**7.** クランクケースカバーおよびオイルフィルターカバーはいずれもモリワキ製　**8.** スッキリとしたチェーンカバーはステンレス製をバフ仕上げとしたもの　**9.** ダイヤモンドステッチが入れられたシングルシートは、この車両で唯一製品化されていない　**10.** リア周りはルーカステールランプ付きステンレスショートフェンダー装着でクラシックなカスタム感を増強。ウインカーはLEDウインカーD-Light SOLスモークとした

本格スクランブラースタイルを目指す

ダートフリークが作り上げたこの車両は、オフロードが得意な同社の面目躍如といえる本格スクランブラースタイル。フラット林道なら走れるよう、まずブロックタイヤを装着。そこにオフロード走行時に抑えやすいフラット形状のハンドル、エンジン下部の防御力を高めるスキッドプレート等を取り付けている。

一方でツーリングでの利便性をアップするためにウインドシールド、サポート不要のサイドバッグシステムも取り付けるなど、実用性も重視されているのが心憎い。

1. フラットな形状のハンドルは ZETA スクランブラーハンドルバー　2.ZETA エクスプローラーウィンドシールドは、可変式ステーで位置を自由に設定できる　3. ハンドルエンドのみで保持する ZETA ソニックハンドガード PC キット　4. 転倒時にマスターシリンダーを回転させレバーの破損リスクを低減させる ZETA ローティングバークランプ

ダートフリーク　https://www.dirtfreak.co.jp

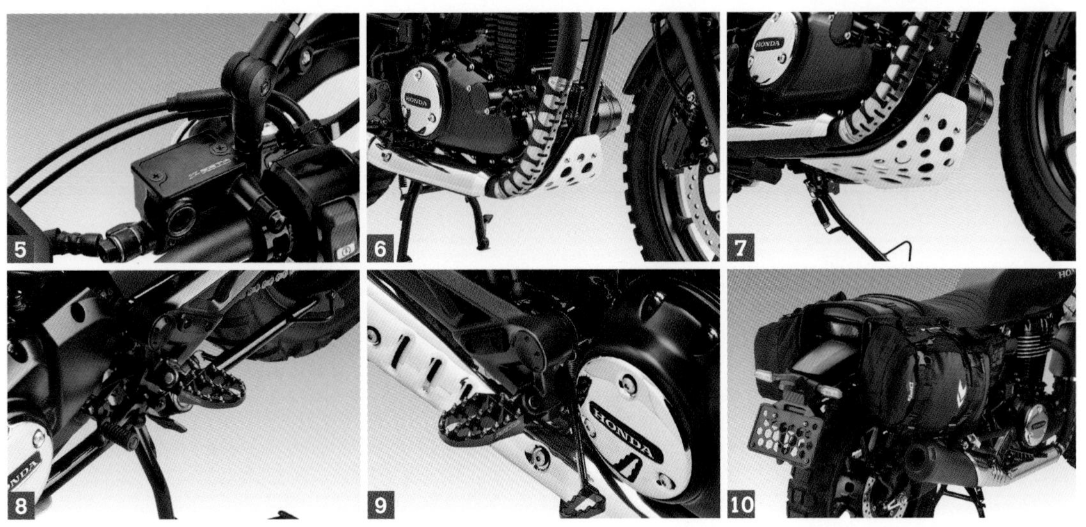

5. ブレーキマスターシリンダーのキャップ、レバーもZETA製にチェンジ　**6.** オフロードイメージを高めてくれるエキゾーストパイプガードはDRC製　**7.** ZETAエンジンプロテクションアンダーガードは、あまり見えないエンジン下までしっかりカバーし、防御力を高めている　**8.9.** 土等が付いてもグリップをキープできるワイドなフットペグは軽量なアルミで作られたZETAのアイテム　**10.** 取り付け用フレーム不要のサイドバッグはDFGモジュールモトバック15。印象的なナンバープレートホルダーはZETAプロテクションナンバープレートホルダー

極上の足周りで走りを数ランクアップ

アクティブが立ち上げたネオクラシック系パーツブランド、153GARAGE。その最初の製品であるカフェレーサー三種の神器、セパハン、バックステップ、シングルシートをまとったのがこのGBだ。これだけでもカスタム感溢れるが、アクティブ自慢のアルミ鍛造ホイール、ゲイルスピードに、同じくゲイルスピードのビレット4ポットブレーキキャリパー、ハイパープロフロントスプリング&リアサスペンション装着で走行性能を大幅にアップ。スタイルにマッチした走りを手に入れている。

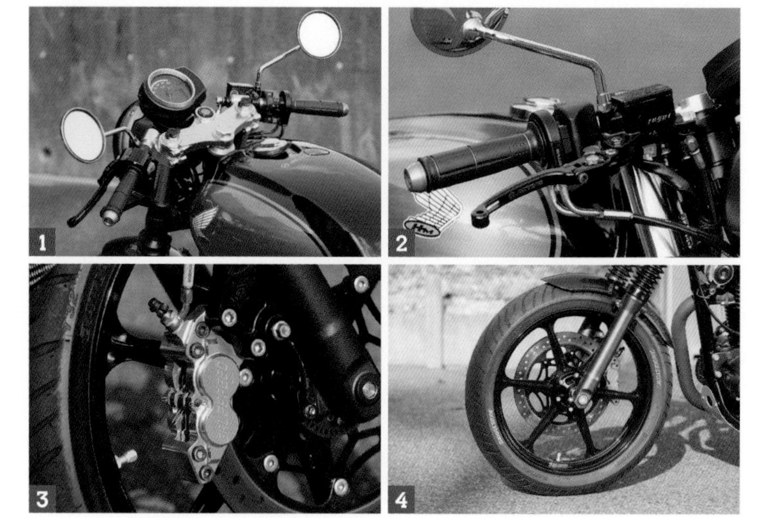

1. トップブリッジ、ハンドル、ブレーキホース、スロットルワイヤー等がセットになった153GARAGEキットでセパハン化　**2.** スロットルキットTYPE-1、スイッチTYPE- 2、STFレバーとアクティブ製製品でまとめたハンドル周り　**3.** 削り出しで充分な性能と美しさを持つゲイルスピードビレット4Pアキシャルキャリパーをオリジナルキャリパーサポートでマウント　**4.**2.75-18サイズのゲイルスピードTYPE-Nホイールを装着。フロントフェンダーはNEXRAYのスモークブラックとした

アクティブ　http://www.acv.co.jp

5. 共振を抑え乗り心地、ハンドリングを向上させるパフォーマンスダンパー　**6.**350Sノーマル比48.6mmバック、46.6mmアップとなる153GARAGEのバックステップ。同ブランドのセパハン＆トップブリッジキットとベストマッチするポジション　**7.** スクランブラー系カスタムから派生し、カフェレーサーカスタムでも注目されるようになったスキッドプレートも153GARAGE製　**8.** リアもフロントと同じくゲイルスピードTYPE-Nでサイズは4.00-18。タイヤは140/70R18サイズのブリヂストンT32　**9.** リアショックは20mmショートとなるハイパープロ ローダウンリアショックエマルジョン。チェーンもEK 520SRX ブラック＆ブラックで雰囲気を統一している　**10.**153GARAGE シングルシートカバー、アクティブフェンダーレスキットでスポーティで軽快なリアビューを作り出した

雰囲気は保ちつつ レーシーさをプラス

鈴鹿8耐に出場するなど、高いチューニング技術を持つヤマモトレーシング。そこが作っただけに、このGBはノーマルの雰囲気を保ちながらもレーシーさがプラスされている。オリジナルのセパハンキットとバックステップで乗車姿勢をスポーティなものに整えつつ、一品物というビッグスロットルボディ、自慢のマフラーでエンジンポテンシャルを引き出している。吸気系もサブコンを装着でリセッティング済みと手抜かりはなし。この車両がどんな走りを見せるか、気になるところだ。

1.2.ヤマモトレーシング製トップブリッジ、セパレートハンドルでライディングポジションを大胆にチェンジ。素材にはアルミを使いシルバーアルマイトで仕上げてある　**3.** ハンドルエンドに取り付けられたミラーはMFQハンドルアームミラー MV4　**4.** ショートでスッキリしたフェンダーは TCW のブラックタイプをチョイスする

ヤマモトレーシング　https://www.yamamoto-eng.co.jp

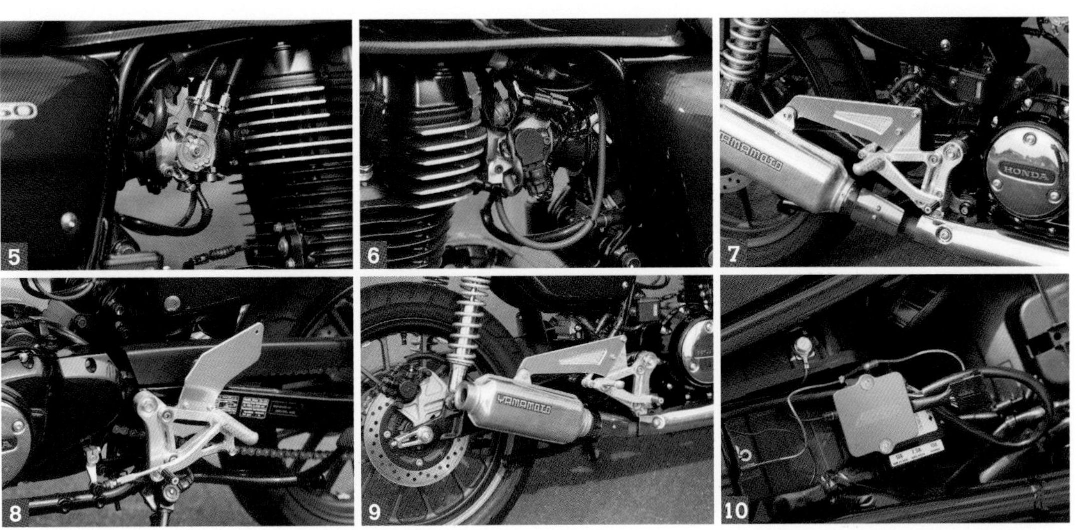

5.6. スロットルボディは赤いファンネルがひときわ目を引くミクニ製ビッグスロットルボディに変更。他車用となるが、長年ビッグスロットルボディキットをリリースしてきた同社ならではのカスタムメニューといえる　**7.8.** ステップはアルミ削り出しのステップキットとし GB350純正位置からアップ&バックさせ操作性を向上　**9.** 往年のスタイルを復刻したアルミモナカサイレンサーを用いたオリジナルスリップオンマフラー。クラシカルな GB のスタイルにマッチする逸品だ　**10.** ネゴシエーター製インジェクションコントローラーでエンジンをセッティングし、吸排気に取り付けたパーツの性能を最大限に引き出している

マジカルレーシング　https://www.magicalracing.co.jp

TCWパーツでスタイルアップ

マジカルレーシングの新ブランド、TCW。同社ではこれまでに無かったアルミやステンレスといった金属を素材としたオリジナルパーツは、ハイセンスなデザインと職人の高い技術とが組合わさり生み出された。

1. アルミ製マットブラック仕上げのメーターバイザーを装着。GB350S専用品だ　**2.** 軽快なフロント周りを演出してくれるショートフロントフェンダーもTCWのアルミ製。シルバー仕様もある　**3.** クラシカルなテイストを感じるチェーンガードは、耐久性を考慮してステンレスで作られている　**4.** アルミ製リアフェンダーが付属したフェンダーレスキットでリア周りをよりスッキリさせる。こちらもGB350S専用品で、フェンダーブラケットはステンレスで作られている

キタコ　https://www.kitaco.co.jp

GBの魅力を確実にアップする

キタコのデモ車両であるこのGB350S。いわゆるライトカスタムではあるが、ポイントを上手く押さえているだけに魅力は充分といえるだろう。具体的にはハンドル周りにマルチパーパスバーやUSB電源を加え利便性を向上。リアサスペンションを高性能化することで、走りの質や快適性もアップさせている。このように1つ1つが考え抜かれたパーツを効率的に装着することで高い効果を得るという理想の姿は、カスタムの参考になる人も多い1台となっている。

1.スマホホルダーに代表される各種アクセサリー取り付けに便利なマルチパーパスバー。ハンドルにはこれも定番化しているUSB電源キットも取り付けている　2.クラシカルな雰囲気作りに効果的なフロントエンブレムキットを装着　3.サスペンションパーツで実績名高いGEARSと共同開発したオリジナルリアショック。ロングツーリングや高積載時に快適なフィーリングを保てる設定となっている　4.車体の取り回しにも便利な大型のGB350S専用グラブバー。リア周りの存在感アップも果たしている

キジマ　https://www.tk-kijima.co.jp

長旅を楽しめる実用的なカスタム

キジマが作り上げたこの車両は、スポーティな350Sをツーリングの頼れる相棒に変貌させている。疲労を軽減するビキニカウル、積載性をアップするバッグサポート等々、走ればその作り込みに納得させられる。

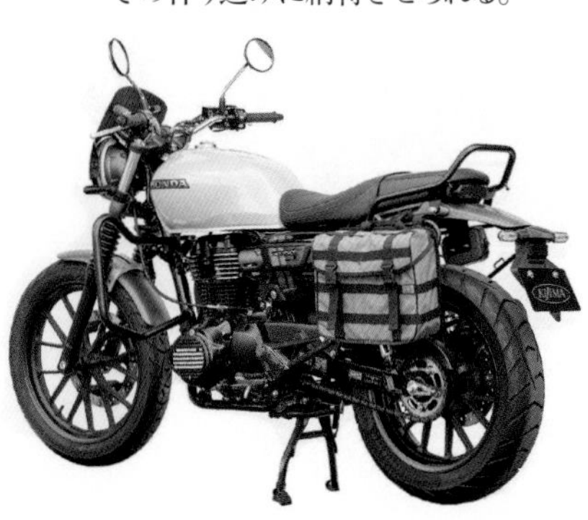

1. 一見するとスクリーンに見えるのは FRP製のビキニカウル。疲労の原因となる、体に当たる走行風の軽減に役立つ　**2.** 転倒時のダメージを低減できよう考え抜かれたエンジンガードは、デザインも車体にマッチするように考慮されている　**3.** サイドバッグの巻き込みを防ぐバッグサポート、荷物の積載にも効果を発揮するアシストグリップ、長距離ツーリングの必須アイテム、ETC 本体を収めるケースとツーリング性能を上げるパーツを多数装備する　**4.** 左サイドにはバッグサポートを使いK3タクティカルサイドバッグを装着

カラーズインターナショナル　https://www.striker.co.jp

排気チューンで気分を盛り上げる

各種マフラーが人気のカラーズインターナショナル。同社のDLIVEブランドマフラーは、性能と音質にこだわった逸品。またスタイル面でも絶品で、このようにGBのフォルムを1ランクアップさせている。

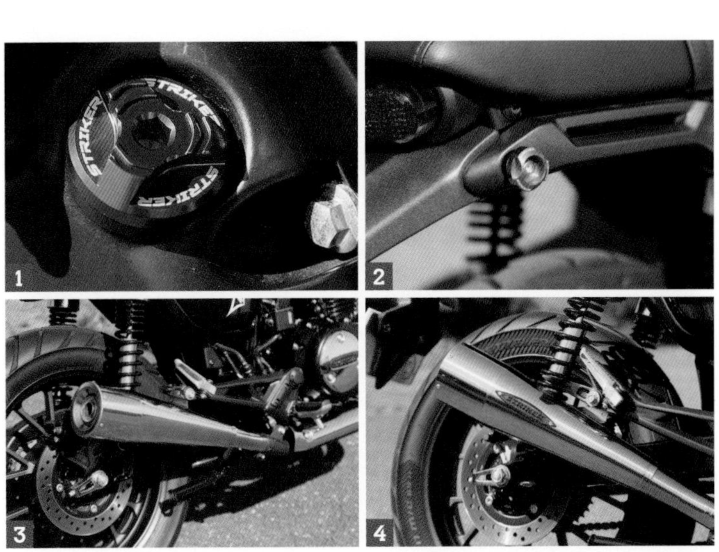

1. 純正オイルレベルゲージをオリジナルのアルミ削り出し品とすることで、エンジン周りにさりげないワンポイントを加える　**2.** リアにあるフックも同じくアルミ削り出しのものにチェンジし、こだわりを表現する　**3.** ブランドロゴの無いシンプルでありながら個性を生む DLIVE スリップオンマフラー。メガフォン形状のマッチングの良さは格別だ　**4.** カラーズインターナショナルでは要望に答え、同マフラーのストライカーバージョンも設定予定。おなじみのロゴ付属なので、よりカスタムをアピールできる

ケイスタイルカスタムファクトリー　https://www.k-style-cf.com

見たことのない カスタムを目指して

代表梶原氏が見たことがないからと製作したロケットカウル装備のこの1台。取り付け難易度の高さから多くのビルダーがなし得ていないこのスタイルを見事実現した技術力の高さが光る1台だ。

1. カウルはバンディット1250用の社外品をセレクト。ミラーはカウルステーマウントに変更している　**2.** 当初ボルトオンでの製作を様々に検討したが断念。フレームに取り付けボスを溶接し、そこにオリジナルアルミステーを接続することでカウルをマウントしている　**3.** ハンドルはデイトナ製セパハンをセレクト。これとカウルとの干渉にも気を配ったとのこと。カウルステーの形状、取り付け位置にも注目　**4.** 車体にはアクティブ製パフォーマンスダンパーと同じくアクティブ製フェンダーレスキットを装着している

Gセンス　http://gsense.jp

GBの走行性能を着実にアップ

サスペンションのスペシャリストとして知られるGセンスのデモ車両は、ノーマルでは固すぎるリアショックをオーリンズのオリジナル品にチェンジ。フロントもリセッティングし、走りの質を大幅にアップさせた。

1.2. 後述する10mm ダウンとなるオリジナルショックに合わせ、フロントフォークの突き出し量をアップし、全体のバランスを取る。このモデルは初期型だが、クラッチレバーのガタが多いためスペーサーで補正している　**3.**G センスオリジナル製品であるオーリンズは、GB にマッチした性能にリセッティングしたうえでシート高で 10mm ダウンする設定になっている　**4.** ダウンする車高に合わせて、サイドスタンドもショートタイプとした

GB350／350Sカスタムメイキング

GB350/350S CUSTOM MAKING

自らの手でいじるのもバイクの楽しみの1つ。そこでここでは人気のカスタムパーツの取り付け手順について、豊富な写真を使いわかりやすく解説していく。きちんとした工具を揃えることが前提となるが作業の難易度はそれほど高くないので、参考にし実践してほしい。

協力＝デイトナ　https://www.daytona.co.jp ／カラーズインターナショナル　https://www.striker.co.jp
撮影＝小峰秀世／柴田雅人

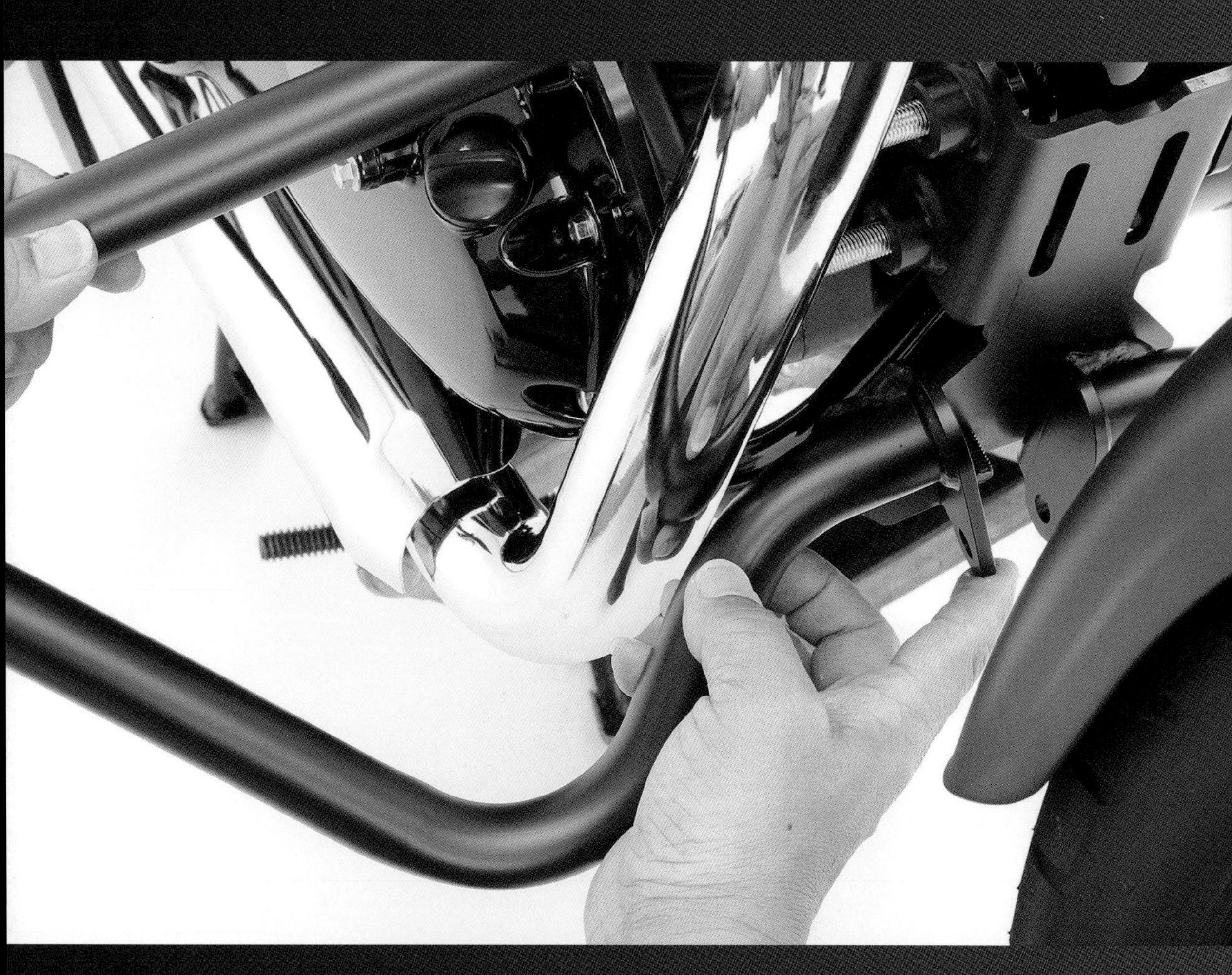

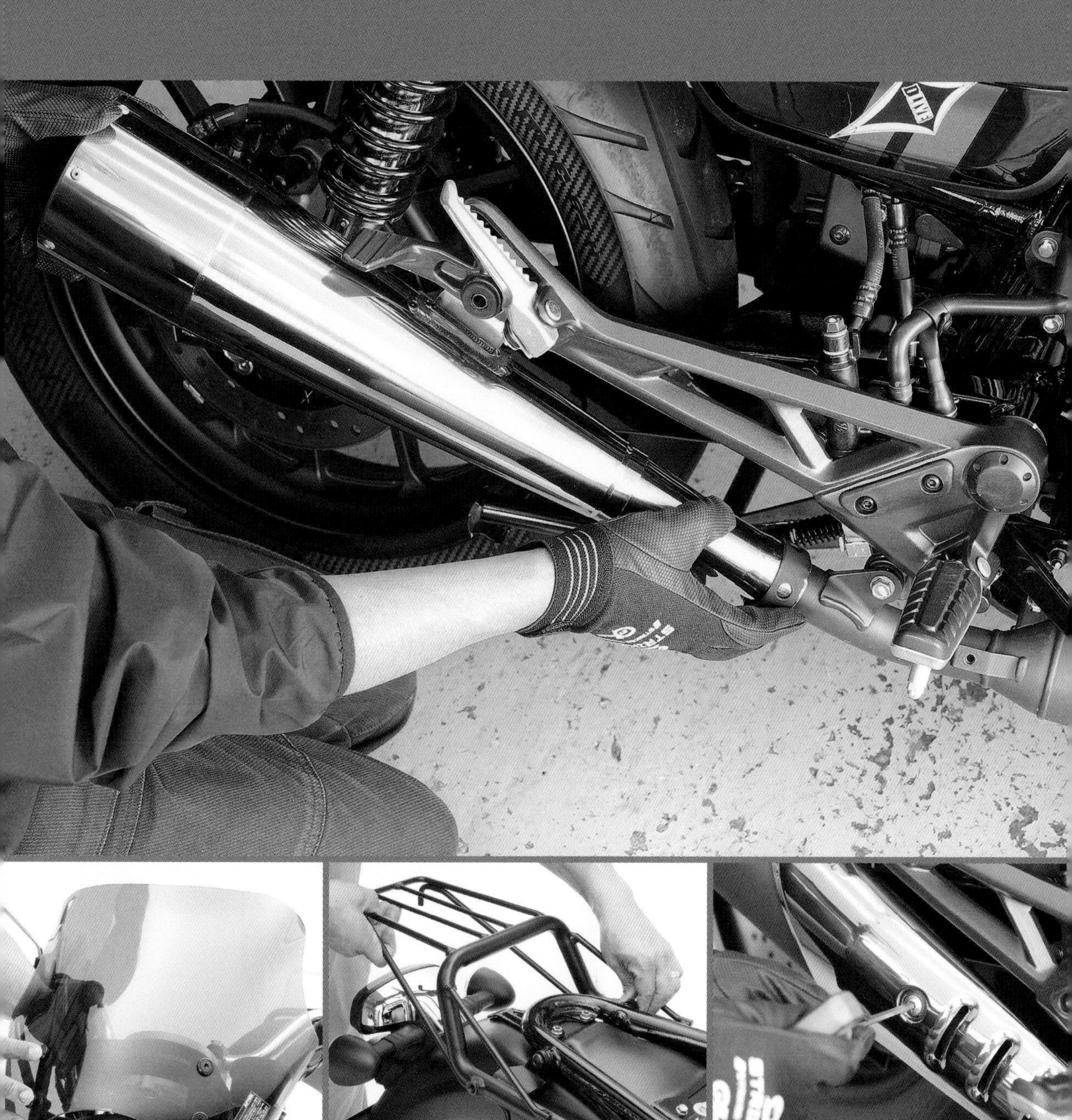

WARNING 警告

この本は、習熟者の知識や作業、技術をもとに、編集時に読者に役立つと判断した内容を記事として再構成し掲載しています。そのため、あらゆる人が作業を成功させることを保証するものではありません。よって、出版する当社、株式会社スタジオ タック クリエイティブ、および取材先各社では作業の結果や安全性を一切保証できません。また作業により、物的損害や傷害の可能性があります。その作業上において発生した物的損害や傷害について、当社では一切の責任を負いかねます。すべての作業におけるリスクは、作業を行なうご本人に負っていただくことになりますので、充分にご注意ください。

カスタムで機能性とスタイルをアップ!

クラシカルなスタイルで人気のGB350。スッキリシンプルなデザインは魅力の源泉であるが、ツーリング時の積載性に難を感じる部分がある。ここではそんな悩みを解決してくれる人気のデイトナ製カスタムパーツの取り付け方を解説する。取り付け難易度は比較的低いので、本コーナーを参考に愛車をカスタムしてみよう。

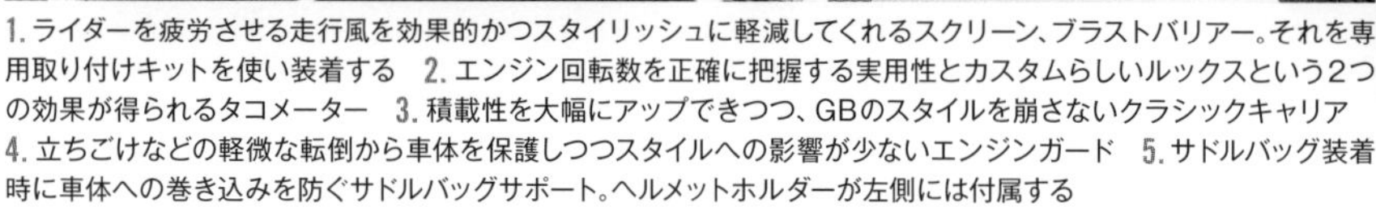

1. ライダーを疲労させる走行風を効果的かつスタイリッシュに軽減してくれるスクリーン、ブラストバリアー。それを専用取り付けキットを使い装着する　2. エンジン回転数を正確に把握する実用性とカスタムらしいルックスという2つの効果が得られるタコメーター　3. 積載性を大幅にアップできつつ、GBのスタイルを崩さないクラシックキャリア　4. 立ちごけなどの軽微な転倒から車体を保護しつつスタイルへの影響が少ないエンジンガード　5. サドルバッグ装着時に車体への巻き込みを防ぐサドルバッグサポート。ヘルメットホルダーが左側には付属する

タコメーターの取り付け

エンジン性能を発揮する上で役立つタコメーター。電気式で取り付けは比較的簡単なのもポイントだ。

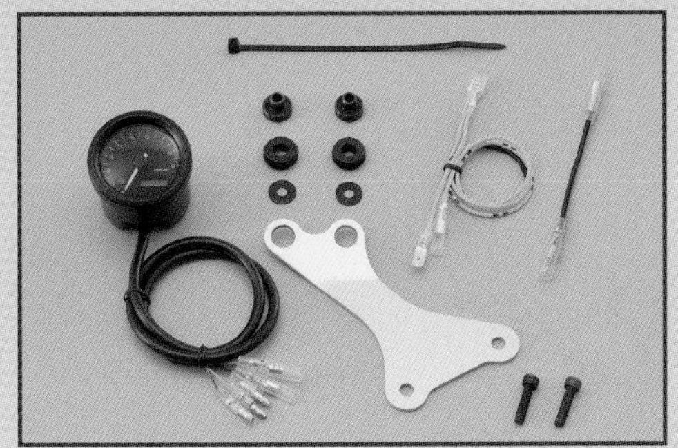

VELONA タコメーターキット Φ 60
視認性に優れた直径60mmボディのタコメーター。実用回転域にマッチした9,000rpm表示　¥22,000

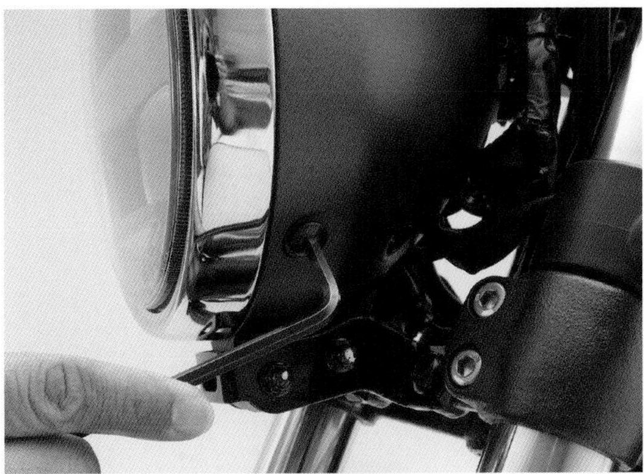

01 ヘッドライトケース内の配線にアクセスするため、下側左右にあるボルトを5mmヘキサゴンレンチで外し、ヘッドライトを手前に引き出す

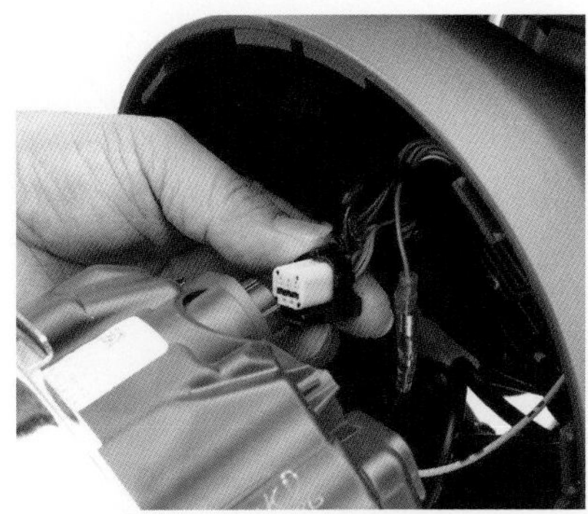

02 下側にある爪を操作し、ロックを解除してからカプラーを分離。ヘッドライトを車体から取り外す

POINT

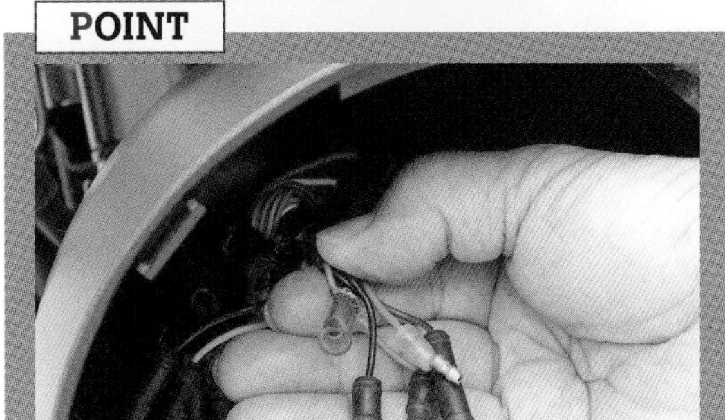

03 ケース内にはアクセサリー用配線がある。配線テープが巻かれているので、剥がして露出させる

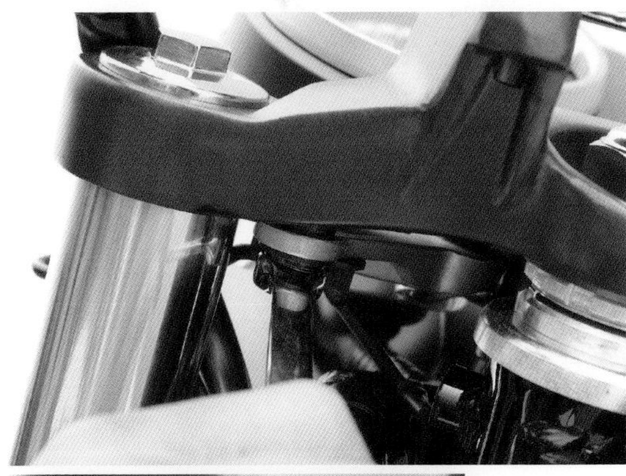

04 10mmレンチを使い、トップブリッジにメーターステーとケーブルガイドを留めているナットを外す

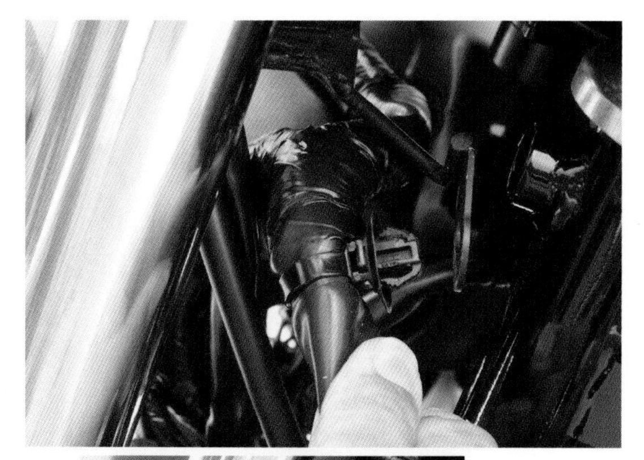

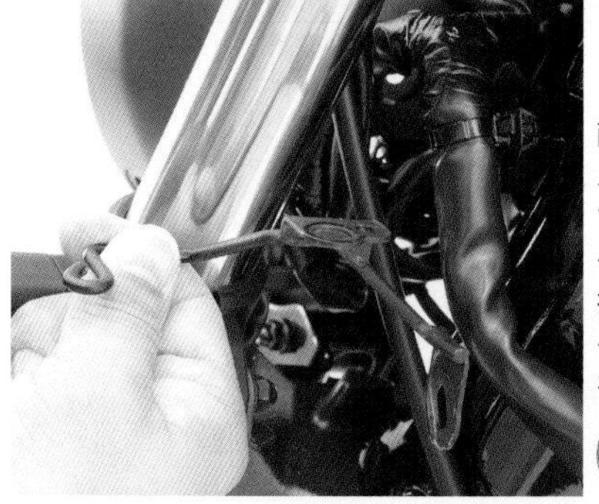

配線をケーブルガイドに留めているケーブルクランプを爪を押して分離し、ケーブルガイドを取り外す

05

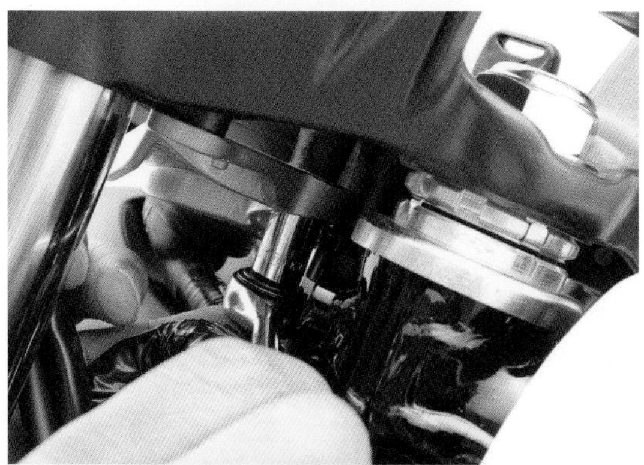

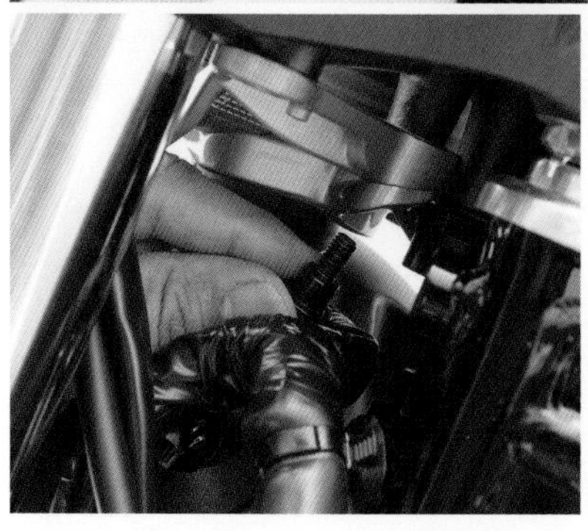

さきほど外したボルトの内側にあるメーターステー固定ボルトを10mmレンチで取り外す

06

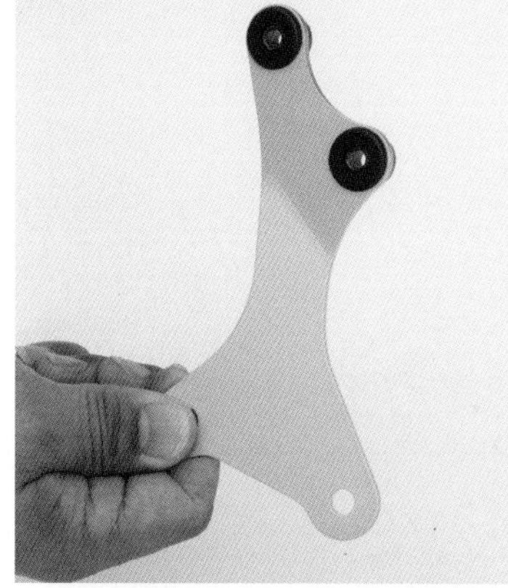

キットのメーターステーを用意し、タコメーター取付用の穴にグロメットを取り付け。そこにステー裏側（中央の折り目が山になる方）から段付きカラーを差し込む

07

タコメーター用ステーをトップブリッジと純正メーターステーの間に入れる

08

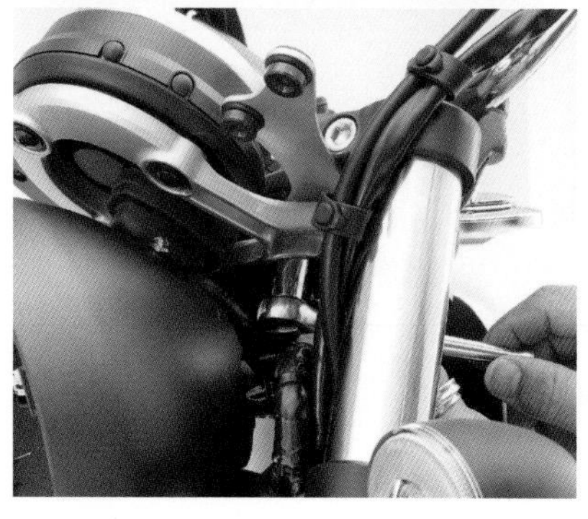

純正のボルトを使い、まず内側から2つのステーをトップブリッジに仮留めする

09

10 純正メーターステーの下にケーブルガイドをセットし、3つの部品をトップブリッジに留め、奥のボルト共々本締めする

クラッチケーブルおよびそれとまとめられた配線は、写真のようにケーブルガイドに収める

11

取り外し時に分離した配線のケーブルクランプを穴にはめ、ケーブルガイドに固定する

12

タコメーターをステーにセットし、付属のボルト2本で仮留めする

13

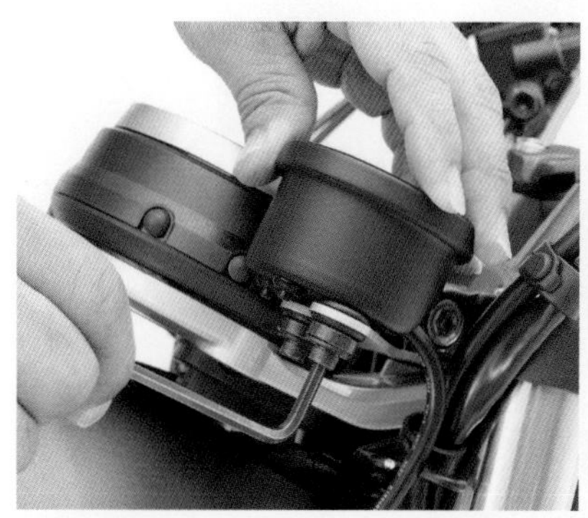

取り付けに無理がないことを確認したら、4mmヘキサゴンレンチで本締めする

14

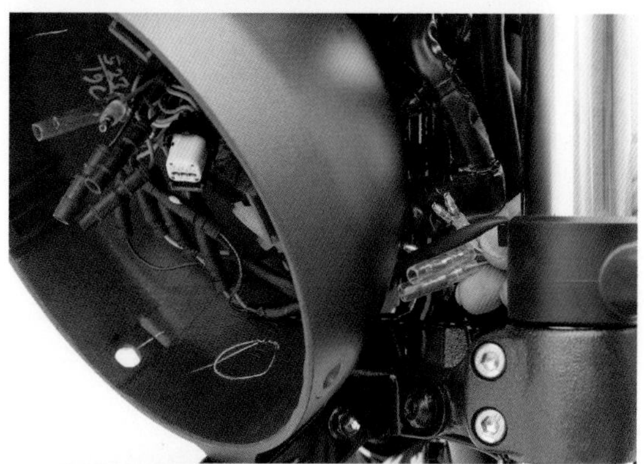

15 タコメーターから伸びる配線を、左下にある穴からライトケース内部に引き入れる

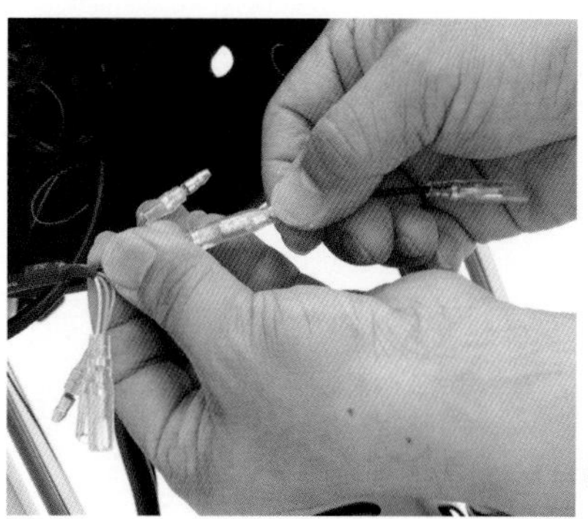

タコメーター配線の黒線にキット付属のアースハーネス（黒線）を接続する

16

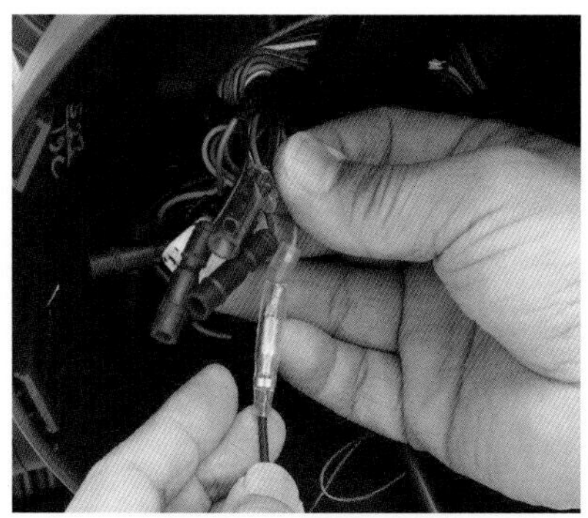

先程接続したアースハーネスを、**03**で露出させたアクセサリー用配線の緑線に接続する

17

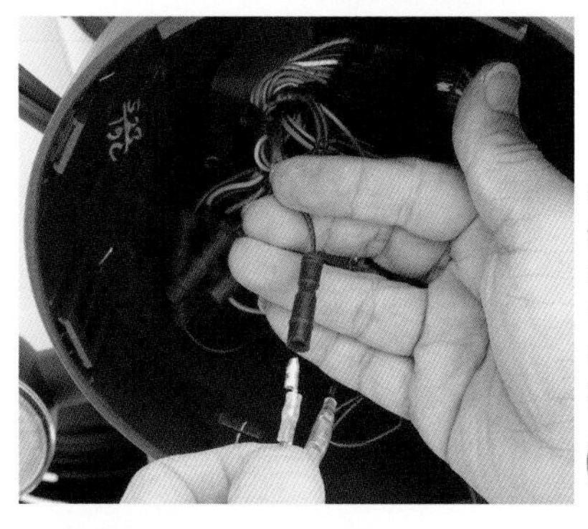

タコメーターの赤線を**03**で露出させたアクセサリー用配線の赤/黒(+)線に接続する

18

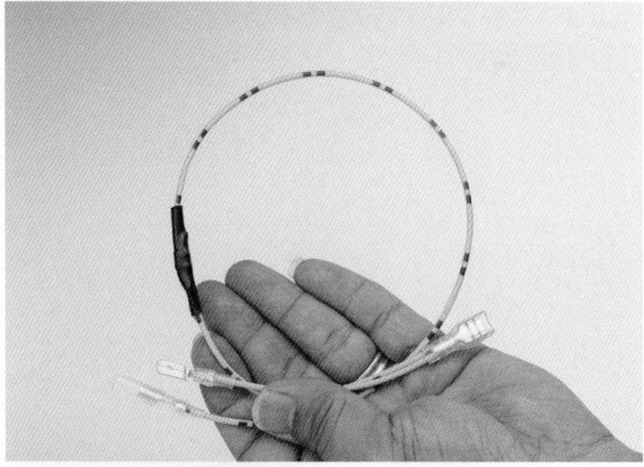

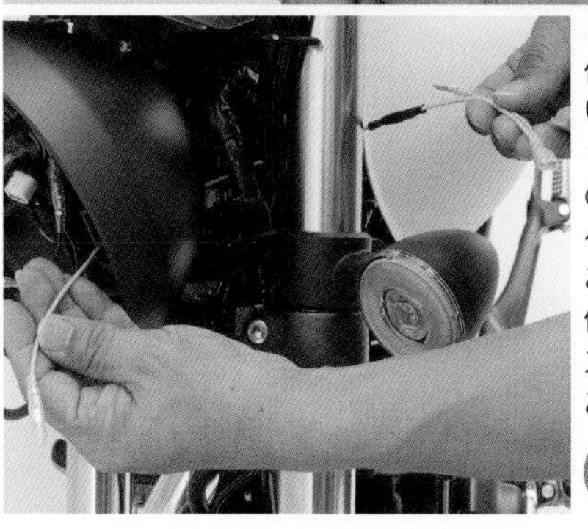

付属の信号取り出しハーネス(黄線)を写真のようにライトケースに通す。この線はギボシ側をライトケース内部に入れること

19

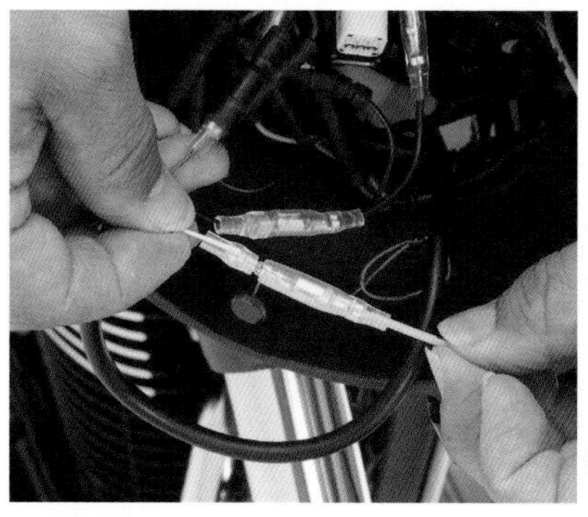

信号取り出しハーネスのヘッドライト側端子をタコメーターの白線に接続する

20

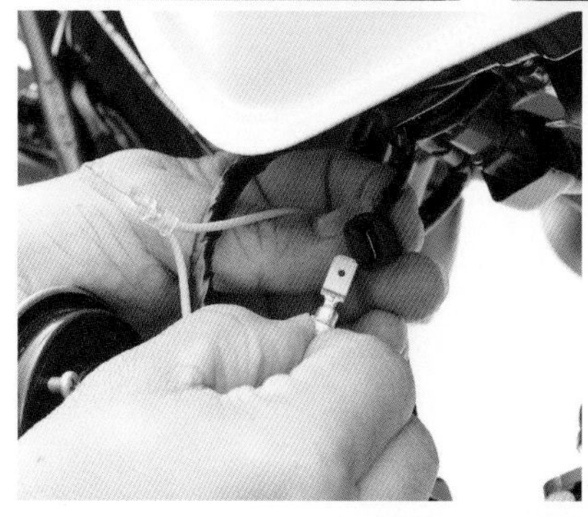

燃料タンク下にあるイグニッションコイルに結線していく。コイル前側につながる緑線を抜き、それに信号取り出しハーネスの平オス端子を接続。同ハーネスのメス端子をイグニッションコイルに接続する

21

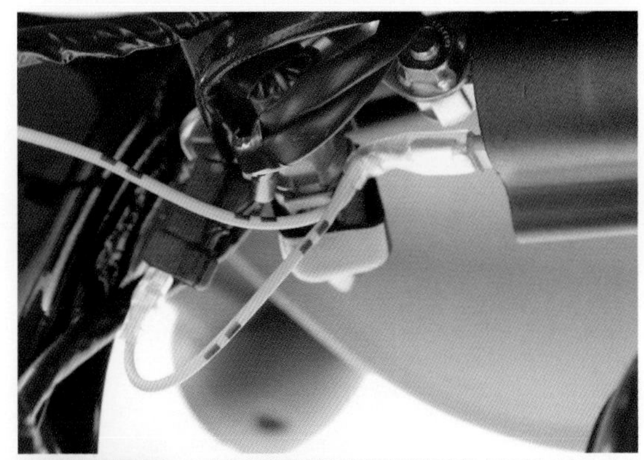

純正配線とイグニッションコイルに割り込ませた信号取り出しハーネスは車体の周囲配線に添わせて取り回し、動かないようタイラップで留めておく

22

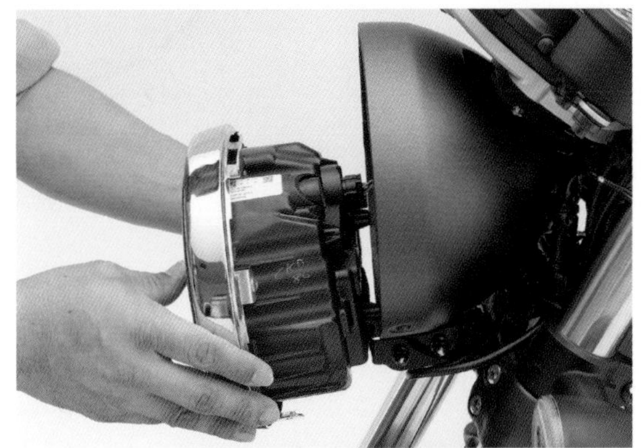

23 カプラーを接続し、ヘッドライトを上側の爪を先に掛けつつ元に戻せは取り付け完了となる。取り付け後は忘れずにタコメーターの設定をすること

タコメーターの設定

メーターの設定は、背面にあるボタン(裏から見て左がセットボタン、右がモードボタン)で行なう。このメーターは点火方式とシフトインジケーター2つの設定ができるが、前者を正しく設定しないと正確な回転数が表示されない。ここでは点火方式設定を解説するので、取付時は必ず実行しておくこと。

メインスイッチをONにしたら、2つのボタンを同時に押して2秒待つ。すると液晶部に「PPr」と表示されるので、セットボタンを2秒長押しする

液晶の表示が変わり、未設定時なら1P-1rと表示されるので、モードボタンを1回押し、写真の1P-2rに変更したらセットボタンを2秒長押しして設定を完了する

スクリーンの取り付け

走行風を効果的に防ぎ、ツーリング時に疲労を低減してくれるスタイリッシュなスクリーンを取り付けていこう。

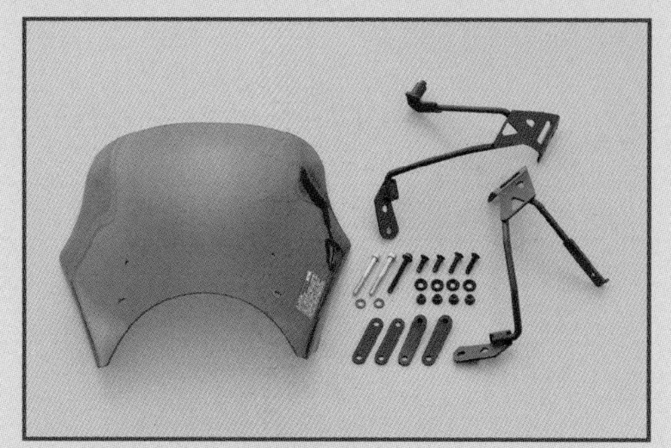

Blast Barrier 車種別キット

人気のブラストバリアーと専用取り付けステーのセット。スクリーンの角度は3段階で選択可能。スクリーン色はスモーク、クリアの2色から選ぶことができる　¥29,700

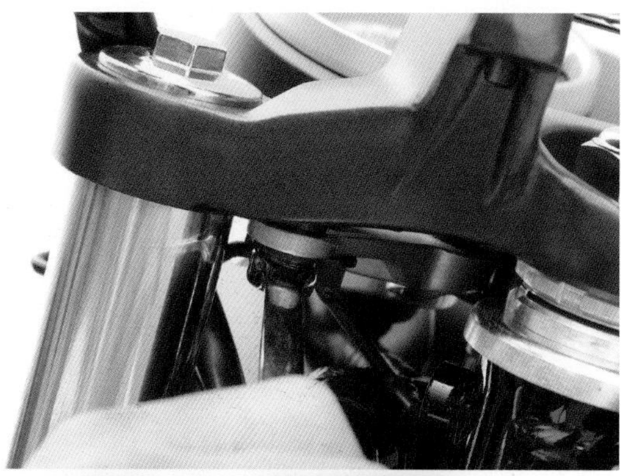

01

p.79の **04**～ を参照して10mmレンチを使いケーブルガイドを取り外す

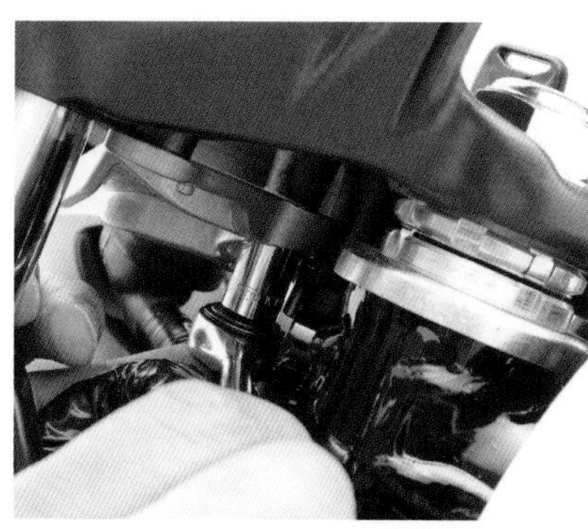

02

10mmレンチでもう一本のメーターステー固定ボルトを外す

03

10mmレンチ2本を使い、ヘッドライトをステーに固定しているボルトとナット、2セットを取り外す

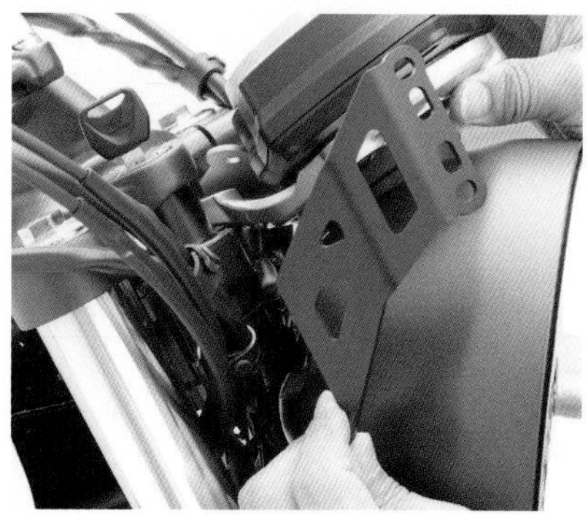

04

ヘッドライト後方、メーターステー下に右側のスクリーン用ブラケットを入れていく

ブラケット上側の凸部はメーターステーの取付穴に合わせる

05

ヘッドライトステーおよびそれに穴位置を合わせたブラケットに平ワッシャを通した付属ボルトを通す

06

左側ブラケットをセットする。ブラケット上側は、右側と穴位置を合わせ、キット付属のボルトを通し、メーターステー共々トップブリッジに仮留めする

07

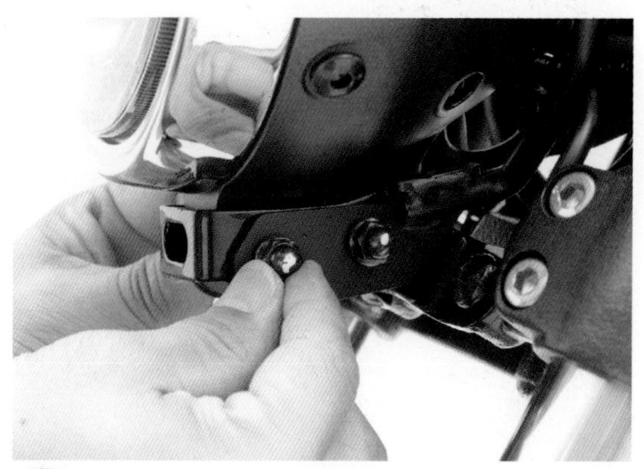

08 左ブラケット下側に**06**で差したボルトを通し、そのボルト先端に**03**で外したナットを取り付ける

ケーブルガイドを元に戻し、純正のボルトで固定する

09

5mmヘキサゴンレンチと10mmレンチを使い、ブラケットとヘッドライトを固定するボルトとナットを本締めする

10

10mmレンチでメーターステーを留めるボルト2本を本締めすればブラケットの取り付けは完了となる

11

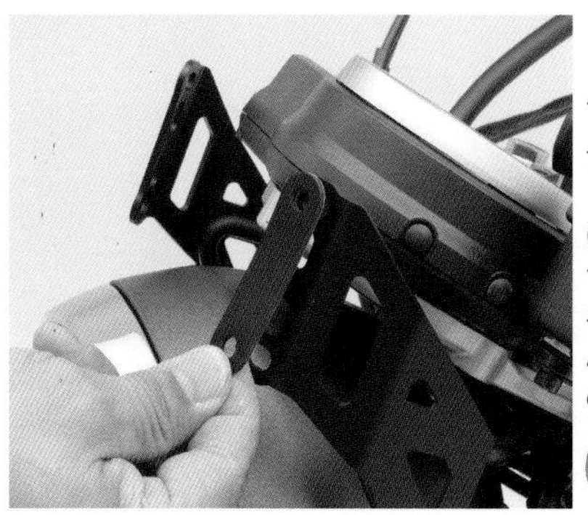

ブラケットにクッションラバー（写真）もしくはラバースペーサーをセットする。その選択によりスクリーンの角度が変わる

12

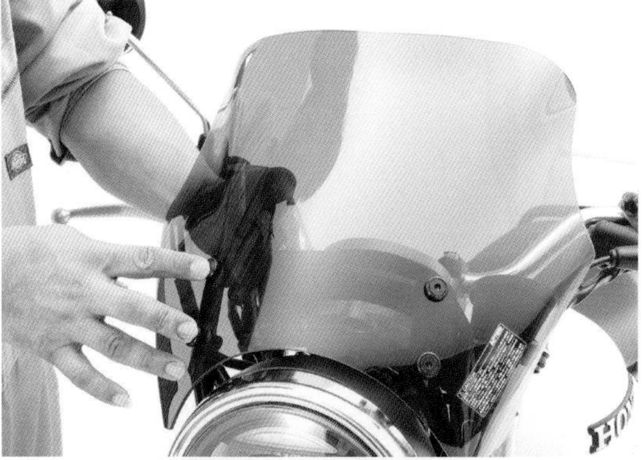

穴位置を合わせてスクリーンを乗せ、固定穴にロゼットワッシャ、皿キャップスクリュー（4本あるうち2本は長いので、適宜使用位置を変える）を差す

13

スクリーン裏側に出たスクリュー先端にフランジナットを取り付け。取り付けに無理がないことを確認したら、10mmレンチと4mmヘキサゴンレンチで本締めする

14

CHECK

ラバースペーサーは断面が斜めになっていて向きを変えることで、下記のようにスクリーンの角度を変えることができる

一番上の写真は、スクリーンとブラケットとの間にクッションラバーを使った標準状態。中央が厚い方を下に向けてラバースペーサーを取り付けたもので、下はその逆としスクリーンを立てる設定としたものだ。調整は手軽にできるので、試走して好みを見つけよう

エンジンガードの取り付け

軽度な転倒におけるダメージを低減しつつ、大きく張り出さない人気のエンジンガードを取り付けていく。

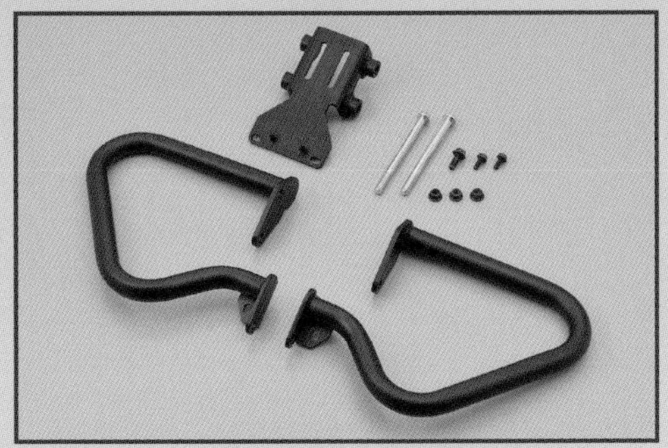

パイプエンジンガード GB350/S Lower
Φ 25.4mm の高張力鋼管を使った強固なエンジンガード。立ちごけ等からエンジンやカウルを保護する ¥33,000

エンジンマウントボルトを外すので、エンジン位置が変わらない（落ちない）よう、メインスタンドをかけた状態で、エンジン下にジャッキをかけて支える

01

02 写真位置にある穴埋めキャップ2つをマイナスドライバーで緩めて外す

14mmレンチ2本を使い、エンジンマウントボルトのナット（前側2個）を外し、ボルトも2本とも抜き取る

03

キットのベースブラケットをエンジンマウントの上に被せ、付属のボルトを差しておく

04

ブラケット下部を付属のボルトで穴埋めキャップの付いていた穴に仮留め。これでブラケット位置が決まるので、**04**で差したボルトを抜く

05

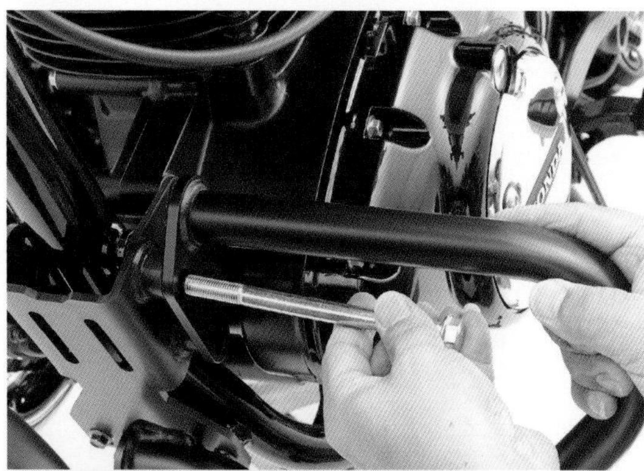

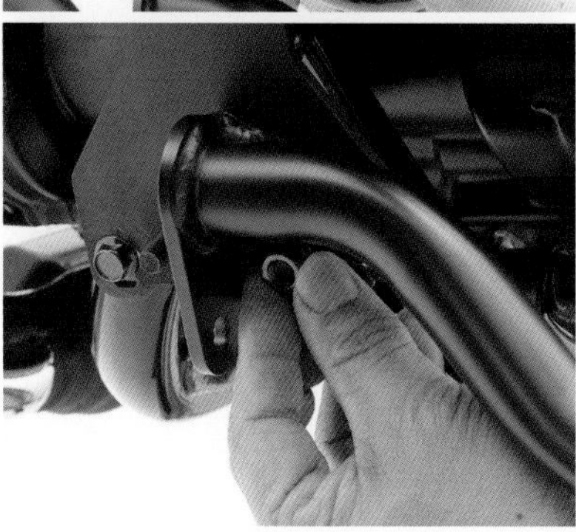

エンジンガード左側をブラケットにセット。上部に付属のボルトを通し、下側をブラケットのスタットボルトに通したら、そこに付属ナットを仮留めする

06

07 エキゾーストパイプを避けつつ、**06**で差したボルトに差すようにして右側のエンジンガードを取り付ける

下側をブラケットのスタッドボルトに通すと、写真のように左右のエンジンガードが接した状態になる

08

エンジンガード上部を貫いているボルトに純正ナットを仮留めする

09

左右のエンジンガード下部に付属のナットとボルトを仮留めし、各部が無理なく取り付けられているかを確認しつつ、全体を均等にある程度締め付ける

10

11 本締めしていく。写真のナットは 12mm レンチにて 26N・m のトルクで締める

ブラケット下部のボルトは10mmレンチを使い12N・mのトルクで締め付ける

12

13 エンジンガード同士を接続する部分は、12mmレンチでボルトを押さえつつ、同じく12mmレンチでナットを26N・m のトルクで締める

エンジンマウントボルト下側を締める。右側のボルト頭を14mmレンチで押さえ、ナットを14mmレンチを使い45N・mの締め付けトルクで本締めする

14

15 上側も同様にして締めるが、エキゾーストパイプが邪魔するため、長いエクステンションバーが必要になる

16 全ボルト、ナットに締め忘れがないか確認したら作業完了となる

リアキャリアの取り付け

スタイルをキープしたまま積載性を大きくアップできるリアキャリアの取付工程を紹介していく。

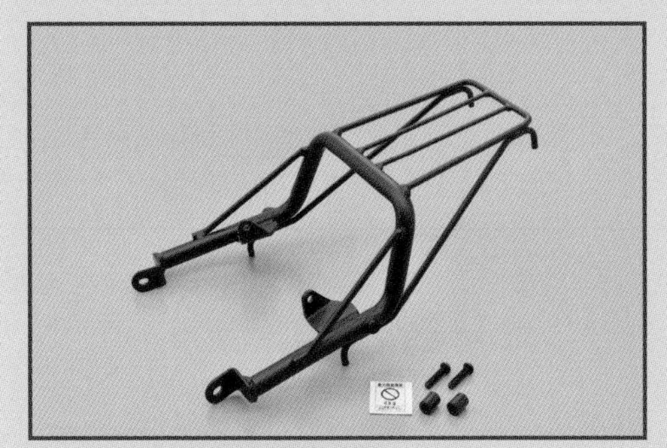

クラシックキャリア GB350
ボディラインに沿ったパイプワークのクラシカルなキャリア。マットブラックとクロームの2種がある　¥23,650

01 シートを外すために、後端の固定ボルトを5mmヘキサゴンレンチで外す

02 シートを一旦後方に引いてから上に持ち上げて取り外す

03 純正のグラブバーに装着されたフックボルトを6mmのヘキサゴンレンチで外す。再使用するので保管しておく

04 純正グラブバーを固定しているボルト4本を6mmヘキサゴンレンチで全て取り外す

05 グラブバーを車体から取り外す

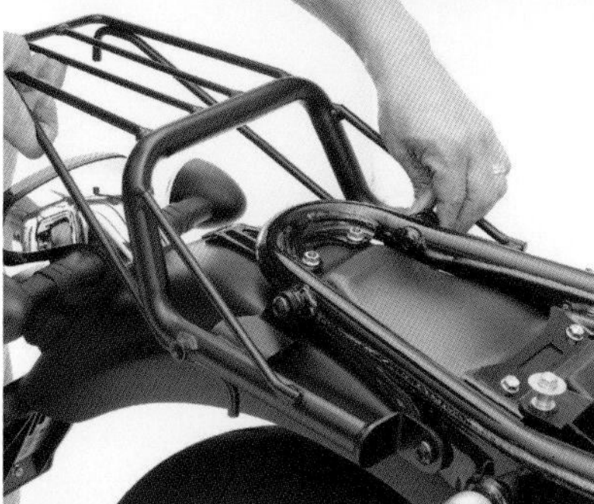

キャリアをセットし、先程外した純正のボルトで車体に留める。締め付けトルクは26N・mが指定されている

06

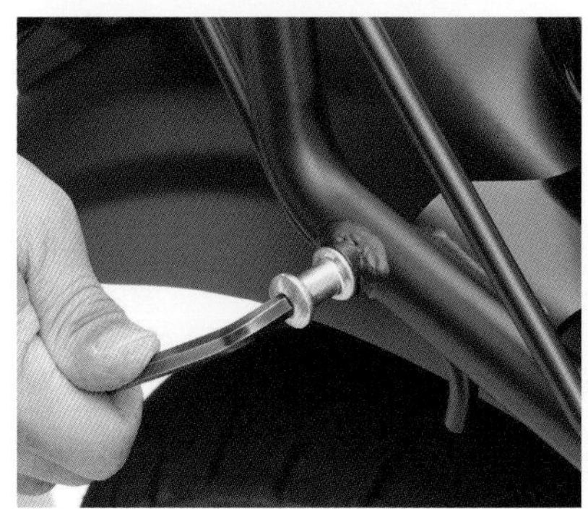

純正のフックボルトをキャリアに取り付け26N・mのトルクで締める

07

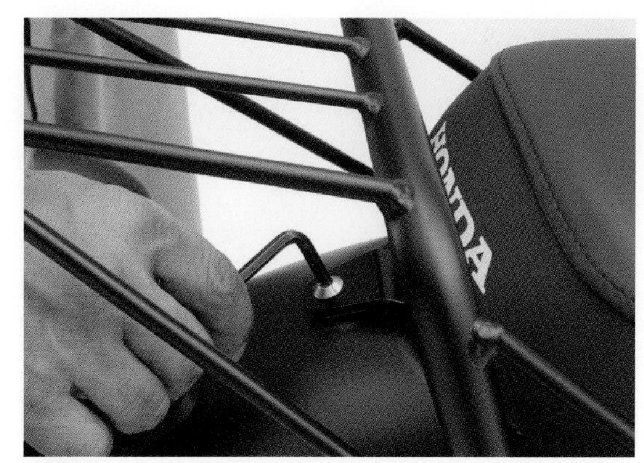

08 シートを取り付け、固定ボルトを締めれば取り付け終了だ

サドルバッグサポートの取り付け

定番となったサドルバッグ取り付けに欠かせないサポートをキャリアを同時装着する場合にて解説していく。

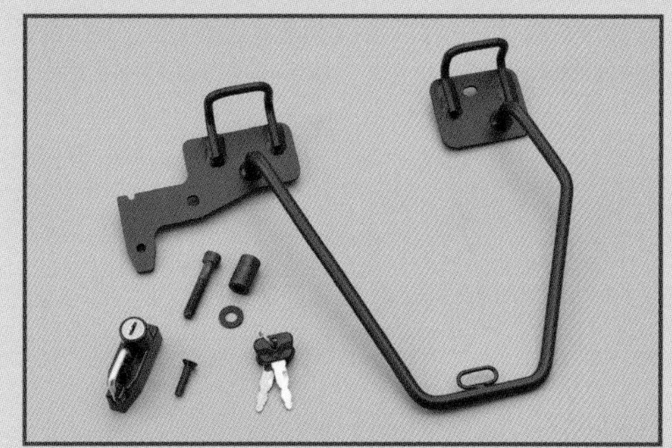

サドルバッグサポート 左側専用 GB350

バッグを吊り下げるベルト掛け一体のサポート。左側専用品でヘルメットホルダーが付属している ¥13,750

サポート前側、取付部にある切り欠きに突起を合わせてヘルメットホルダーをセットする

01

02 付属のボルトを4mmヘキサゴンレンチで締め、ヘルメットホルダーをサドルバッグサポートに固定する

リアショック上側を留めているフックボルトを6mmヘキサゴンレンチで外す。このボルトにはワッシャが併用されている

03

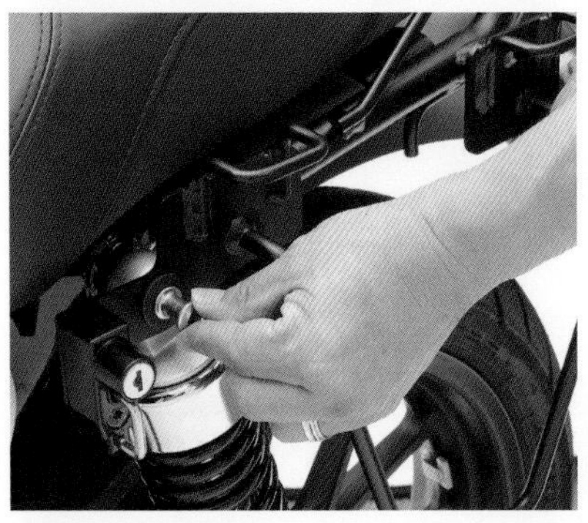

リアキャリア（純正グラブバー）に取り付けられたフックボルトを外し、そことリアショック上部に合わせサポートをセットし、前側を純正ボルトで仮留めする

04

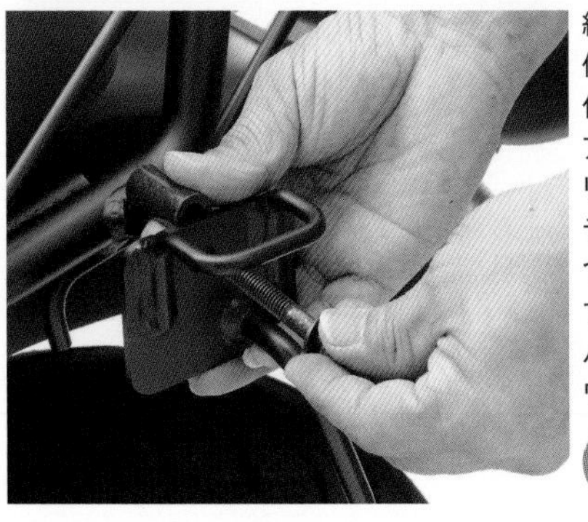

純正グラブバー使用時はキット付属の、キャリア使用時はキャリア付属のカラーを間に挟みつつボルトを差す（純正グラブバー使用時はワッシャ併用）

05

後部の固定ボルトを26N・mのトルクで本締めする

06

07 前側のフックボルトを26N・mのトルクで締め付ける

08 以上でサドルバッグサポートの取り付けは完了だ

マフラーチェンジでカスタマイズ

カスタムの代名詞と言えるマフラー交換。高品質なマフラーの実態とその取付工程について、詳しく解説していくことにしたい。

協力＝カラーズインターナショナル　https://www.striker.co.jp

スタイルとサウンドに個性を加える

マフラーはエンジンの燃焼により生まれた排気ガスを排出し、同時に消音を行なう装置だ。エンジン性能と排気音量を左右する性能部品でありつつ、バイクのスタイルを大きく左右する部品でもある。影響が大きいだけにカスタム時の製品選びが重要なのは言うまでもない。ここでは品質と性能の高さで人気を集めるカラーズインターナショナル製マフラーの詳細に迫りたい。愛車のカスタムの参考になるはずだ。

美しいラインが目につくメガフォンスタイルがアピールポイントであるDLIVEスリップオンマフラー。サウンドにもこだわって作られたカラーズインターナショナル自慢の1本だ

車体のイメージにマッチしたマフラー

カラーズインターナショナル
高橋秀行 氏
ストライカー、DLIVE（ドライブ）ブランドを展開するカラーズインターナショナルの取締役でありマフラー開発を担当

4気筒用集合マフラーを中心に展開する同社において久しぶりのシングル用マフラーとなったGB用スリップオン。その開発について高橋氏に伺った。まずそのコンセプトについては「性能もありますが、車体に付けて雰囲気を損なわずかっこいい物を作る、まずそこを重視しました」とのこと。開発自体は順調に進んだそうだが、350と350Sではマフラー取り付け位置が異なるため、両車で共通化できるようにするのがポイントだったそうだ。また慣れた集合マフラーとの違いが顕著だったのがサウンド面で「シングルはパンパンという弾けるような音が気になる部分があります。音量の規制値内に収めるのは当然として、感覚としても静かめになるように作り、極力気にならないようにしています」。メガフォンスタイルとロゴが無いシンプルなデザインでノーマルスタイルにマッチするのが特徴というGB用マフラー。カスタム時の選択肢としてぜひ加えてみて欲しい。

スリップオンマフラーを取り付ける

インタビューで明らかになったように、高い技術とこだわりにより生み出されたカラーズインターナショナルの DLIVE マフラーの取り付け手順を解説する。スリップオンタイプで手軽に装着できるので、初心者でも取り組みやすいはずだ。

DLIVE ストリートライン スリップオンマフラー
ステンレス製のメガホンスタイルスリップオンマフラー。重量は純正比-1.5kgの1.9kgと軽量。政府認証品で車検に対応している　¥73,700

取り外し

まずノーマルのサイレンサーと、エキゾーストパイプに取り付けられたヒートガードも外していく

01

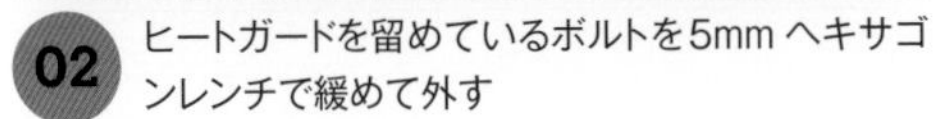

02 ヒートガードを留めているボルトを5mm ヘキサゴンレンチで緩めて外す

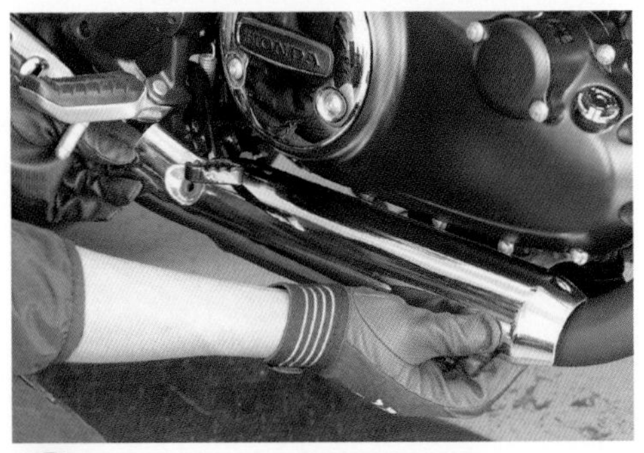

03 前にずらしてヒートガードを取り外す

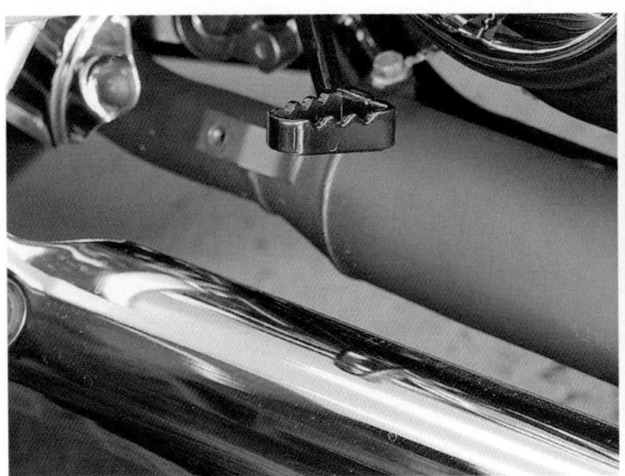

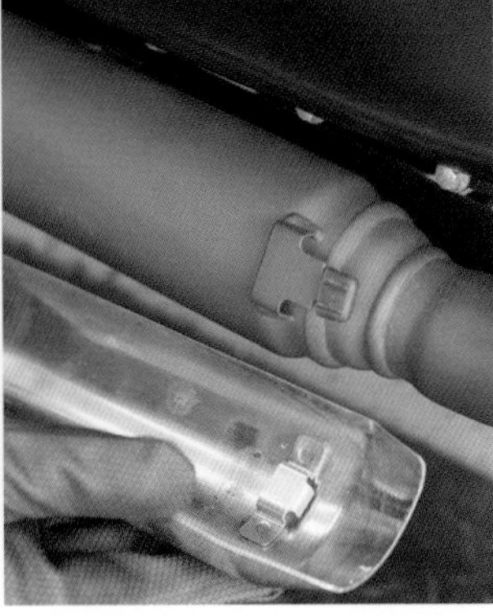

ヒートガードは後部をボルトで、前部を前に向いた爪で留めている。このため、取り外し時には前にずらし、爪を外す必要があるのだ

04

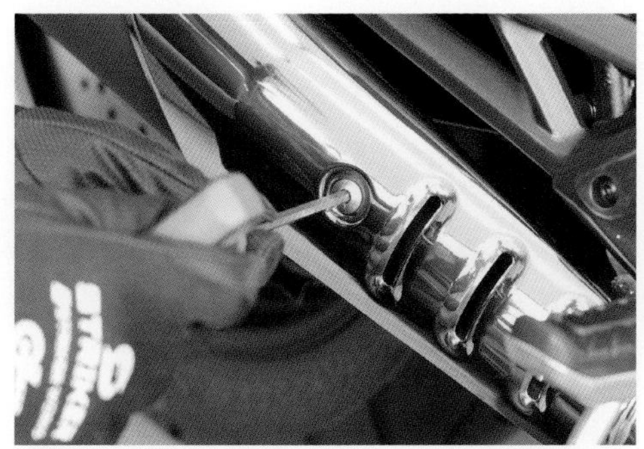

05 サイレンサー根元にあるヒートガードを外すため、5mmヘキサゴンレンチで固定ボルトを抜き取る

06 こちらのヒートガードも前方に押して爪によるロックを解除してから取り外す

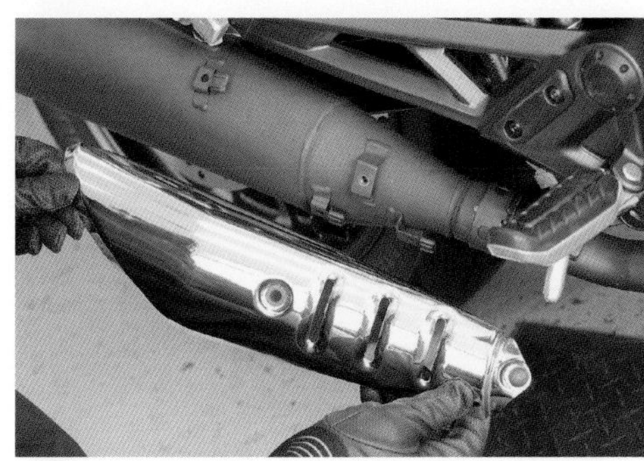

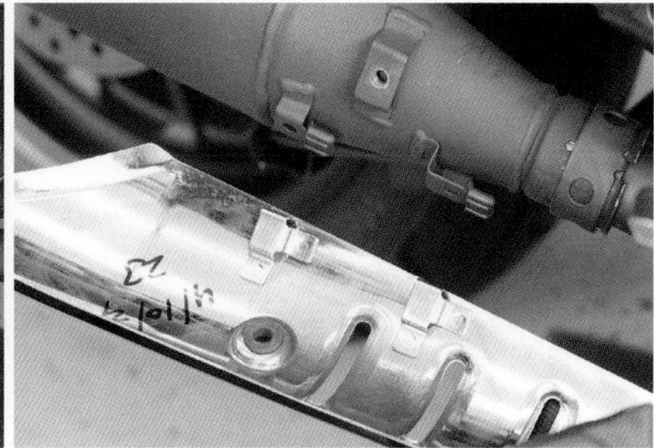

07 サイレンサー側には、固定ボルト取付部前後に2点、タンデムステップ下の1点、計3点の爪がある

08 サイレンサーとエキゾーストパイプを留めているバンドを、12mm レンチで緩める

ステッププレートにサイレンサーを固定しているボルトとナットを12mm レンチ2本を使い緩める

09

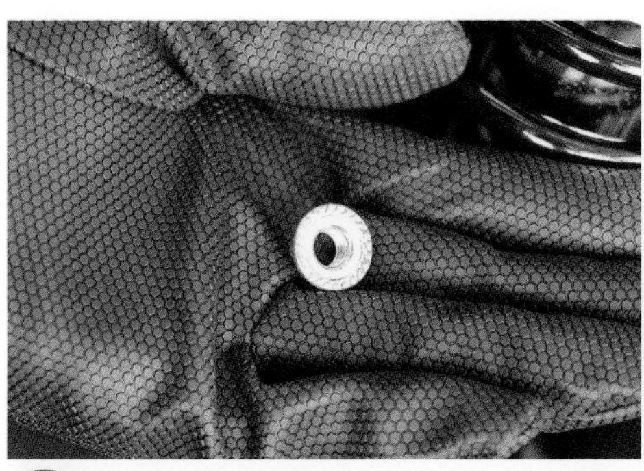

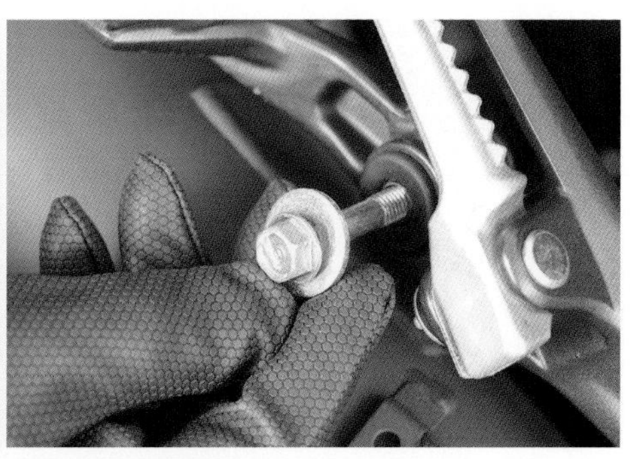

10 ステッププレート裏側にはフランジナットがあるので、それを外してからワッシャごと固定ボルトを引き抜く

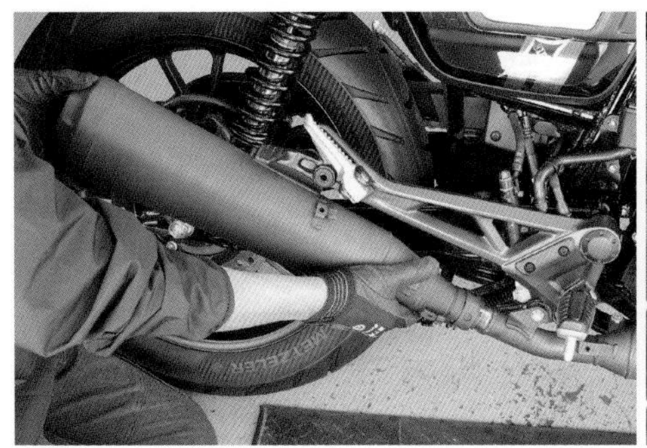

11 車体への干渉に注意しながら後方に引いてサイレンサーを取り外す

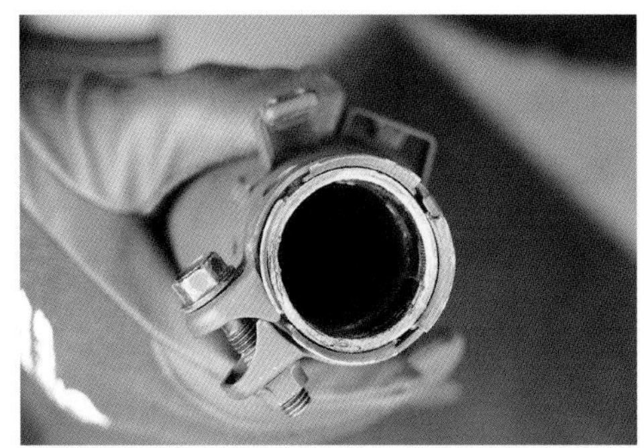

12 サイレンサー先端にはガスケットが取り付けられている

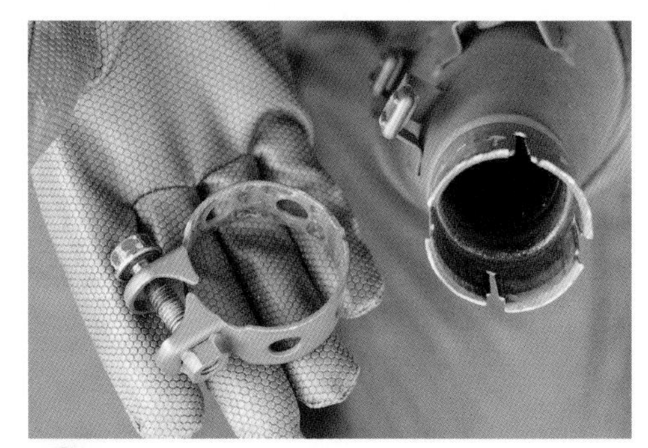

13 再使用するので、純正サイレンサーからバンドを取り外す

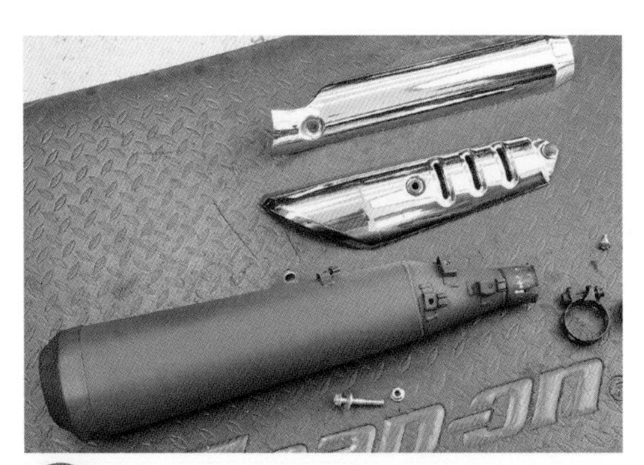

14 以上で取り外し作業は終了となる

CHECK

サイレンサー部のガスケットは潰れることでシールしているので再使用不可。事前に新品を用意しておこう

取り付け

新品ガスケットをキット付属の中間パイプに差し込む。右写真のように突き当たるまで押し込んでおく

01

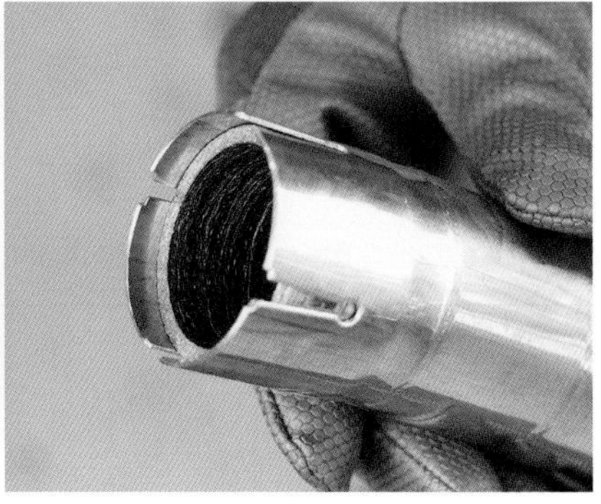

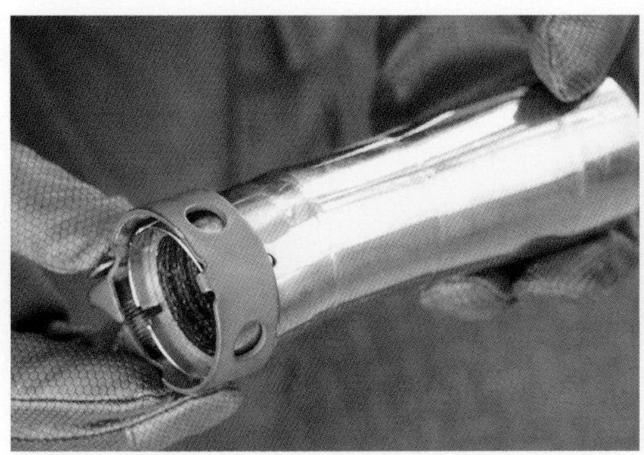

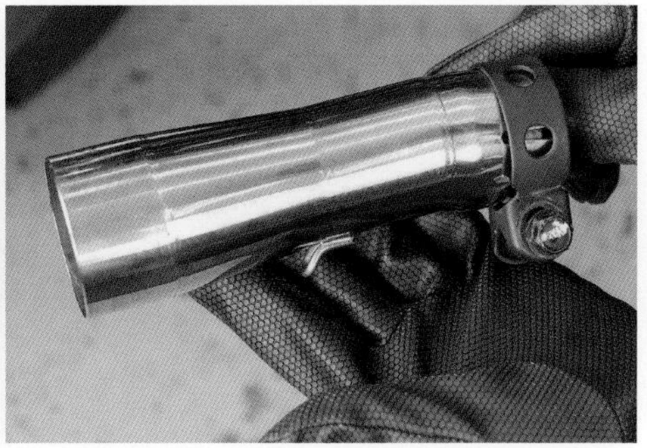

02 ガスケット差込部にある切り欠きに爪を合わせてバンドを取り付ける。バンドのボルト部は、右写真のように中間パイプのフック受けがある方に向ける

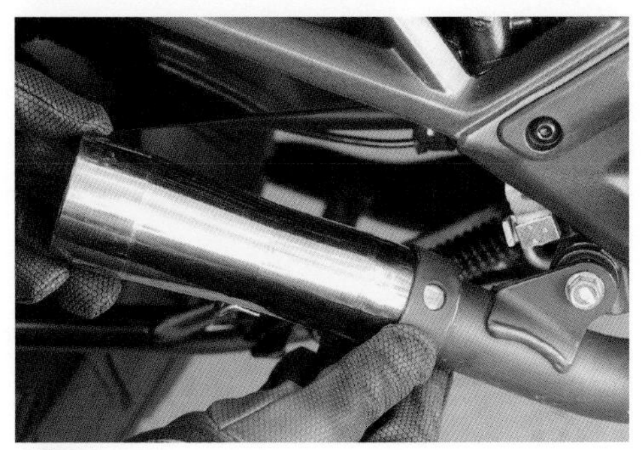

03 中間パイプをエキゾーストパイプに差し込む

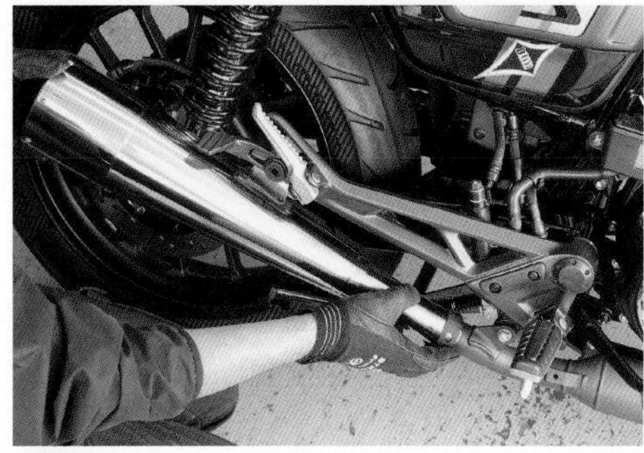

04 先に取り付けた中間パイプにサイレンサーを取り付け、固定穴位置が合うよう位置を調整する

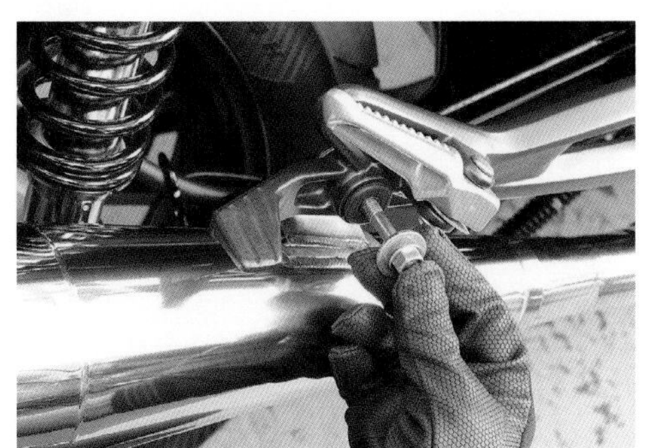

05 純正の固定ボルトとナットを使い、サイレンサーとステッププレートを仮留めする

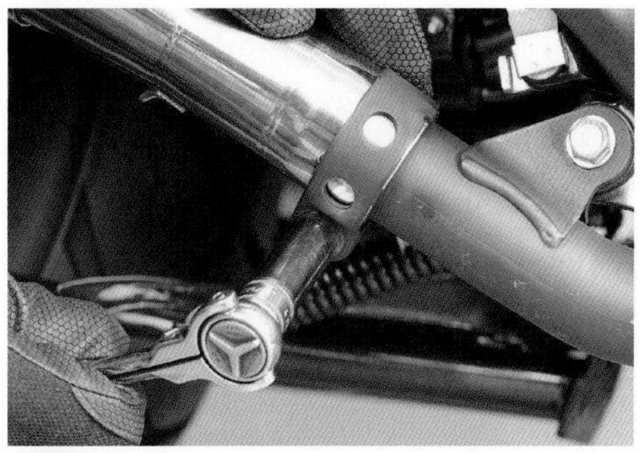

06 改めて爪と切り欠きの位置を合わせてバンドをセットし、動かない程度にボルトを締める

取付状態に無理がないか全体を確認し、必要に応じて中間パイプの向きを変えて調整する。中間パイプはわずかにカーブしているので、向きを変えるとサイレンサーの位置が変化する

08 中間パイプとサイレンサーにある受けに付属しているスプリングフックを掛け、両者を留める

09 12mmレンチを使い、サイレンサー部をしっかり固定する

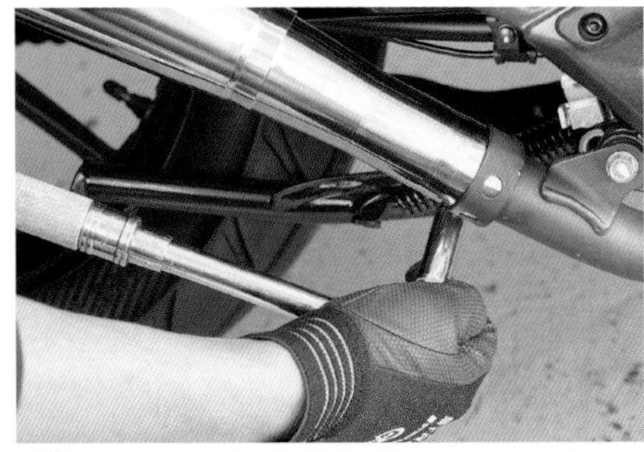

10 バンドのボルトを締め、中間パイプとエキゾーストパイプを固定する

11 爪を合わせながらエキゾーストパイプにヒートガードをセットする。爪の先にはプラスチックのカバーがあるので、脱落していたら事前に付け直しておく

12 固定ボルトを締めヒートガードを固定したら、焼付きを防ぐためヒートガード、サイレンサーに付いた手脂といった汚れを拭き取っておく

POINT

排気漏れをチェックする。エンジンがかかった状態で排気口をウェスで塞ぎ、パシュパシュ音がするようだと、接続部から排気が漏れているので、取付状態を点検しよう

13 以上でマフラー取り付けは終了。今回は美しいポリッシュ仕様を取り付けたが、シックなブラック仕様もある

Special thanks

確かな技術が光るアンテナショップ

ストライカーおよびDLIVEブランドを扱うカラーズインターナショナルのアンテナショップがストライカーワークスだ。開発元直営ショップだけに、同社製品のノウハウは豊富で、取り付けを始めとした製品サポートをしてくれる。同社が行なうレース活動の中核を担っているだけに技術力は抜群。ストライカーワークスオリジナルのパーツもあるので、同店の独自ウェブサイトは必見だ。

ストライカーワークス

神奈川県横浜市都筑区桜並木5-7

Tel 045-949-1347

URL https://www.striker-works.com

鈴木 正彦 氏

店長を務める鈴木氏は、確かな腕を持つのはもちろん、物腰が柔らかく優しく接してくれる。本コーナーでも取り付け作業を担当していただいた

カスタムパーツクローズアップ

TCWパーツで愛車を輝かせる!

マジカルレーシングの新ブランドTCW。そのアイテムをまとった車両を紹介するとともに、ブランドと製品の魅力を解き明かしていく。

協力＝マジカルレーシング　https://www.magicalracing.co.jp

素の魅力を崩さないシンプルさにこだわる

スポーツバイク向けカーボン、FRPパーツで知られるマジカルレーシング。高品質な製品で定評ある同社が生み出したTCWは、どのようなコンセプトのブランドなのだろうか。それはこれまでやってこなかったオールドルックの車両をベースに金属という素材を用いて全く新しい提案をするというもの。GB350用パーツはレブル250用に続く第二弾で、GBが持つスタイルを極力崩さないシンプルで自然なマッチングとなることを目指して作られた。デザインとしては外車のクラシック系カスタムを意識したもので、それはチェーンガードに顕著に現れているといえよう。

製造は熟練の職人が叩いて成形するという文字通りのハンドメイド。故に製品には個体差があるため、正真正銘自分だけの1品を手に入れられる。テストを繰り返し簡単に壊れない構造、強度を確保するなど見えない部分にも手抜かりは一切ない一方、手に入れやすい価格実現にも注力されている。生まれたばかりと言えるTCWブランド、これからの発展には目が離せない。

メーターバイザー

GB350S 専用品となるメーターバイザー。本体はアルミ製で、素材の質感が楽しめるヘアラインン仕上げのシルバーとシックなマットブラックがある　¥20,350/20,900

フロントフェンダー・ショート

マッチングが素晴らしくさりげないカスタムが楽しめるショートタイプのフロントフェンダー。アルミ製で写真のシルバーの他、マットブラックも選べる　¥22,000/23,100

チェーンガード

GB のスタイルにマッチしたビンテージカスタムスタイルのチェーンガード。ステンレス製でブラックも有り　¥23,100

NK-1ミラー

好みで素材や形状が選べる。写真は平織りカーボン製タイプ6ヘッド、スーパーロングエルボー仕様　¥50,600/52,800

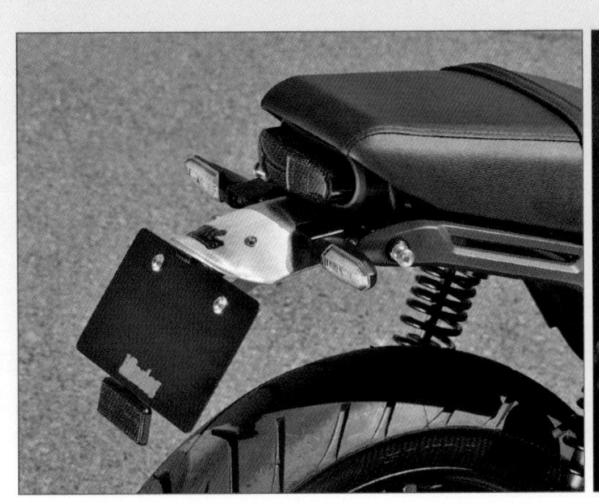

フェンダーレスキット

アルミ製リアフェンダーが付属する350S用フェンダーレスキットでナンバー灯は純正を使用する。リアフェンダーはシルバーヘアラインとマットブラックがある
¥22,000/23,100

ショップカスタムフォーカス

ライコランド川越ネイキッド

惜しまれつつ2023年いっぱいで閉店したライコランド川越ネイキッド。同店が作り出したカスタムGB350を紹介したい。

協力＝ライコランド川越ネイキッド　https://www.ricoland.co.jp/shopinfo/kawagoe/

手探りの中で生まれた

この車両が作らたのは、GB用カスタムパーツが少なかった2022年前半の頃。そのためリゾマの汎用品や他車種用パーツを中心にカスタムしていったそうで、自然な仕上がりになっているが装着のために加工を要したパーツも少なくない。パーツメーカーのデモ車両は基本自社のボルトオン製品で構成されるのとは対照的であり、多数のパーツメーカーの製品の組み合わせノウハウを持つ、量販店ならではといえよう。

1. リゾマの汎用品となるヘッドライトフェアリングCF010Aを同社製のZ900RS用アダプターを使い取り付ける　**2.** ハンドルバーもリゾマのMA001Rだが、加工して装着している

3. 全てリゾマ製で汎用のSGUARDO FR060B バーエンドウインカー（要加工および要SGUARDOアダプター）、SPY-ARM バーエンドミラー、30GRADI GR224A グリップでまとめたハンドル周り。レバーはU-Kanaya の可倒式でこれはGB350用だ　**4.** ブレーキディスクはサンスターのプレミアムレーシングとする　**5.** マフラーはモリワキエンジニアリング製メガホンマフラースリップオンのブラックタイプをセレクト。ステップバーはマウントと組み合わせたリゾマ製とする（フロントUrban Protocol Peg PE643B、リア SNAKE Pegs）　**6.** ライセンスプレートサポートとリアウインカーもリゾマ製。他が小加工で取り付けできたのに対し、こちらの取り付け加工には苦労したとのこと

まず乗りやすくするメニューから取り組み
それから次のステップへ進みたい

平峯 茂 氏

ライコランド川越ネイキッドではスペシャルパーツを中心としたパーツ全般を担当。ここでは豊富な知識を活かし、カスタムのアドバイスをいただいた

　カスタムとは自分好みの車両にすることで、メニューは強制されるものではない。が、知識もないまま闇雲にカスタムすると乗りづらくなったり満足度が得られない結果になりかねない。そこでおすすめのメニューや手順を聞くと、「デザインに左右されないところをまずいじり、乗りやすくしてから次のステップにいくと楽しいかなと思います」。乗りやすくでき、効果が体感できるものとしてはまずサスペンションとのことだが、安定性が出るKOODのアクスルシャフトと、シングルならではの鼓動感を維持しつつ不快なビリビリ感を消しツーリングでのしびれが軽減されるというパフォーマンスダンパーが挙げられるそうだ。これらで乗りやすくしてから ポジションやスタイルといった自分の好みに合わせていくのがおすすめとのことだ。

GB350 on RaceTrack

公道をゆっくりツーリング、そんなイメージがあるGB350。そんなバイク限定のレースがあるのをご存知だろうか? ここではサーキットで奮闘するGB350およびライダーたちの様子を紹介したい。

協力＝HSR九州

サーキットもGBの楽しさを味わえる場だ

九州、熊本県にあるサーキットHSR九州。そこで開催されている鉄馬フェスティバルは、鉄製フレームを使ったバイクに限定した草レースで、2022年GB350のワンメイククラスが設定された。2023年は初めての2day開催となり、今回その取材にお邪魔した。レースと言うと敷居が高く感じるかもしれないが、競い合うのは同じGB350、入門用クラスということでエンジンの改造不可と参加しやすいよう考慮されている。それでもいきなり参戦というのは難しいだろうが、その走る姿を見るだけでも楽しめるはずだ。

1.HSR九州は、安全運転研修ができる交通教育センター レインボー熊本と併設された施設で、ホンダの関連企業であるホンダレインボーモータースクールが運営している　2.鉄馬フェスティバルではCB400SFが走るアイアンモンスター400等、計10クラスで開催される 3.当日は観戦者対象のサーキット体験走行も行なわれた　4.5.会場にはモリワキエンジニアリングを始めとしたパーツメーカー、車両代理店の出店、キッチンカーも多数あり、特に日曜で本戦が行なわれた5月1日は多くの観客で賑わっていた

RACE

レース風景

ここからは 4月30日、5月1日に渡って行なわれた予選、決勝のレース風景を紹介していきたい。予選が行なわれた初日は大雨と、波乱の幕開けとなった。

2回アタックができた予選だが大雨に見舞われた

2day開催ということもあり、30日の予選は午前午後の2回の走行枠が設定された。だが当日は雨、特に午後は豪雨。予選未出走でも決勝出走可であったので、実際に予選を走ったのは2台だけとなった。

車両トラブルで午後の予選のみの走行となった藤田選手。GB350クラスは他クラスと混走なのだが、あまりの豪雨にほぼ単独での走行となっていた

前年勝者の金子選手。雨脚の弱い午前のセッションでタイムアタック。経験のないウェットコンディションながらクラストップを獲得した

予選から一転、好天に恵まれた決勝白熱したバトルが繰り広げられた

今回GB350クラスのエントリーは予選を回避した車両を含め4台で、予選決勝とも似たペースで走行する空冷シングルクラス、水冷シングルクラスとの混走となる。午前中に練習走行があった後、本線は午後2時台にスタート。モリワキレーシングの金子選手は、ポテンシャル的に上回る他クラスのマシンに迫る速さを見せつつ終始安定したラップを刻み見事優勝。他のエントラントも切れのある走りで、観客を湧かせていた。2024年は5月4日、5日の開催予定。次の主役はあなたかもしれない。

ファーストラップにおける金子選手の様子。先行する他クラスの選手に続き、深いバンク角でコーナーを攻める様子は際立っていた

さまざまなスタイルの
GBが出走していた

金子選手に続いたNo3藤本選手、No46山中選手は予選をキャンセルしたものの、豊富なレース経験を持つレース巧者だけに後方グリッドから順位を上げ上位を獲得していた

走行中は真剣な表情のライダーたちも、それが終われば弾けるような笑顔で溢れていた。大人の運動会と言える草レース。GB350でのものは費用的にもハードルが低いので、今後の発展に期待できる

エントリーライダー

後のページで登場いただく金子選手以外のエントリーライダーおよびマシンを紹介する。個性が感じられるセットアップに注目されたい。

当日初走行ながらしっかり結果を出す

1. ビキニカウルとアルミ製シートが目を引くマシン。フロントタイヤは17インチ化している　2. ホットラップ製オリジナルマフラー　3. 決勝当日が初走行になったという藤本拓男選手。鈴鹿8耐出場経験もあるだけに流石の走りを見せた

ノーマルの姿を留めたレーサー

1.3. モリワキ製マフラー、ステップ、ハンドルにアンダーカウル程度とノーマルに近いスタイル　2. グロムカップ等、レース経験豊富な山中宏之選手。唯一、フロント19インチ仕様だったが、経験が生む巧みなマシンコントロールで、ハイペースでコーナーを駆け抜けていた

パーツ製作の縁でレースにも参戦

1.2. マフラー、ステップはモリワキ製をセレクト。フロントは17インチ化しオリジナルのアンダーカウルを装着　3. モリワキよりカウル製作を依頼され車両を準備した縁でレース参戦したという藤田憲一郎選手。レースは久しぶりとのことだった

モリワキGBプロジェクトに迫る

鉄馬で優勝を果たしたモリワキエンジニアリングのGB。その詳細とレース参戦の裏側に迫る。

的確なセットアップで鉄馬2連覇を達成

2022年、2023年と鉄馬フェスティバルでクラス優勝を果たした金子選手。その所属チームであり車両を作り上げたのはモリワキエンジニアリングである。入門クラスにふさわしい内容でありながら、出場するからには勝つというコンセプトで作られたこの車両は、スタンダードの雰囲気を残しつつ見事レーサーとして生まれ変わっている。まずその詳細を解説するとともに、開発およびレース参戦の経緯を解き明かしていく。隠されたストーリーは胸躍るものであるのは間違いない。

1.2. レギュレーション上、エンジンそのものはスタンダードだが、吸排気系を変更しパワーアップ。エンジン左右のカバーは市販品と同じアルミビレット製としている

3. エアクリーナーボックスや内部のファンネルに手が入れられた吸気系。エンジン背後のオイルキャッチタンクがレーサーであることを主張している　4. 伝統のモナカサイレンサーにテーパー形状のエキパイを使ったレーシングマフラー　5.2023年仕様で追加されたビキニカウル。最高速アップに貢献した　6. カウルはトップブリッジにステーを取り付けて装着。そのトップブリッジはオリジナルでハンドルはセパハンとする　7. フロントホイールは他車種流用で17インチ化。ブレーキローターはCBR600用。フォークも内部変更しセッティング変更されている

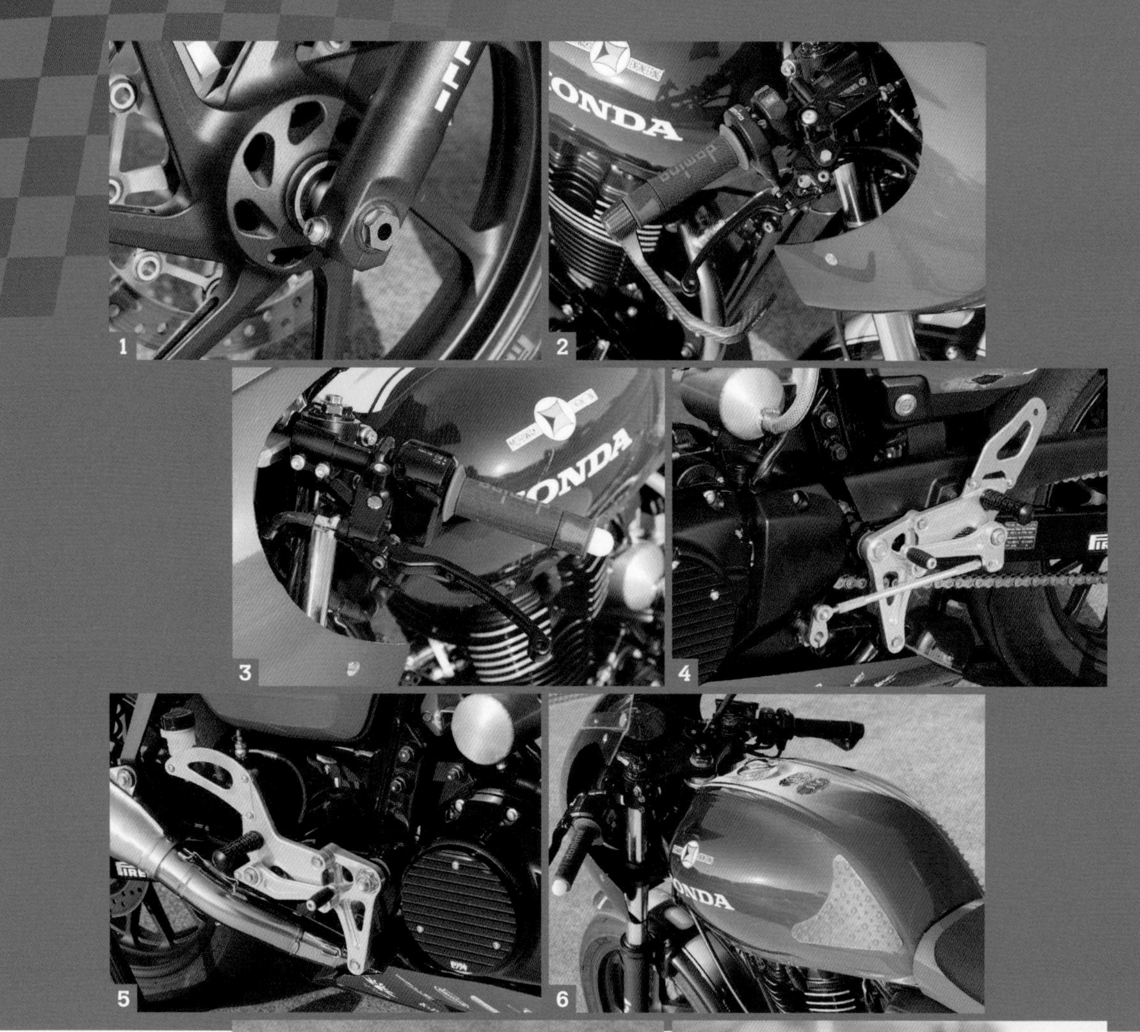

1. アクスルシャフトは高精度高強度で人気のKOOD製クロモリシャフトを使用　**2.3.** 手の小さな金子選手に合わせ調整可能なアクティブのレバーをセレクト。グリップはドミノ、レーサーの必須アイテムであるレバーガードはフルシックス製とした　**4.5.** ステップはアルミ削り出しのモリワキ製だが市販仕様ではなく、金子選手に合わせたスペシャルのもの。小柄なだけにかなり上がったポジション設定だ　**6.** タンクはベースとなったGB350Sそのままだがオリジナルラッピングがされ、コントロール性をアップするパッドが取り付けられている　**7.**2023年仕様で変更されたシートカウル。座面のスポンジは社長にして国際ライダーである森脇尚護氏の手によるもの　**8.** テール周りには純正テールランプが残り、モリワキ製フェンダーレスキット（レース用プロトタイプ）でまとめている　**9.** リアショックは定評あるナイトロンのモリワキコラボカラー仕様をセレクト。小柄なライダーに合わせて、スプリングはフロントともどもかなり柔らかいものが使われている。タイヤはピレリ・スーパーコルサでノーマルより1サイズ細い140を装着している

プロらしさに溢れたレースウィーク

モリワキが長年培ってきたレースの経験は車両を作ることだけでなく、その運営にも存分に活かされていた。プロのメカニックが車両、そしてライダーの走りを逐次チェック。必要に応じて的確にリセッティングしてみせた。そのサポートがあったからこそ、優勝という結果が得られたのだ。

製品や会社をアピールするブースでありレーサーのピットにもなっていたモリワキのテント

1. タイヤを温め最高の性能を発揮させるためタイヤウォーマーが巻かれ出番を待つレーサー　**2.** 出走時間が近づくと暖機を開始。一連の流れるような動作はさすがプロ　**3.** 予選前の打ち合わせ風景　**4.** こちらは決勝前の様子。レースで結果を出すにはメカニック・ライダー間の綿密なコミュニケーションが欠かせない。金子選手はプロライダーでないだけに、百戦錬磨のメカニックからのアドバイスはとても役立ったはずだ　**5.** 狙い通り優勝を果たし、昨年のベストラップ=レコードタイム更新を達成。歓喜の表彰台の様子をスタッフは晴れやかな気持ちで見つめていたことだろう

キーマンが語るGBレーサー

モリワキがGB350でのレースにいかに参戦し、どう車両を作り上げたのか。そのキーマンたちに話を伺った。

最初はまったくの手探りだった

モリワキエンジニアリング
小畑 哲平 氏
同社レース部所属で、全日本選手権といったトップカテゴリーのレースでメカニックを担当している

モリワキエンジニアリング
亀井　駿 氏
GB350のレース活動ではメイン担当として活躍した若きメカニック。全日本選手権をライダーとして戦った経験を持つ

モリワキエンジニアリングのレース部に所属し第一線のレースに携わるプロメカニックである小畑、亀井両氏。そのお二人がレースとは縁遠いGBでレースをすると聞いた時は「この車両でやるの?」というのが正直な感想だったとのこと。しかしモリワキとして出るからには勝たなければいけないとの思いを持ってスタートしたそうだ。最初はハンドル(セパハン)、ステップ、マフラー、リアサスのみを変えた状態でテストを開始したが、走り込むほどにフロント19インチの限界が露呈。タイヤの選択肢が豊富な17インチ化を行なった。これによりフロントの車高と重心が下がり、セッティングはやり直しとなったが、ポテンシャルは一気に向上したそうだ。エンジンはエアクリーナーボックスの開口率を変更し、吸気系をチューニング。さらにモリワキオリジナルのレーシングマフラーとの組み合わせでアクセルレスポンスとパワーアップを実現している。普段はプロライダーを相手にマシン開発、セッティングを行なっている彼らだが、モリワキGB350レーサーに乗るのは公募で選ばれた一般ライダー。走行後に車両各部のフィーリングを言葉やジェスチャーを交えて、メカニックに的確にフィードバックするというプロのようなことはできない。そこでライダーからの聞き取りのみならず、コースサイドから実際の走りを観察。ライダーからの情報だけでなく、走行時の車体の動きからセッティングの方向性を判断。多数あるパーツの中からより適切なものを選択し、セッティング、車両作りを行なったという。結果的にこのことが自分たちのヒアリング力、観察力、洞察力、考察力を大きく成長させる機会になったという。また金子選手の成長も著しく、走りの面、車両のフィーリングを伝えるコメント力、いずれも目を見張るものがあり、予想を大きく超えていたとのこと。ライダー決定からレースまで時間が短く、最終仕様となってから1度しか走れなかったそうだが、双方の頑張りがあり見事優勝。2023年は前年想定外のバンク角により擦ってしまったマフラー、アンダーカウルを見直し連覇を達成する。最後におすすめのチューニングメニューを伺うと、良いタイヤを履くためのフロントの17インチ化とステップとの回答をいただいた。

モータースポーツの底辺拡大を目指して
レース参戦が決定された

モリワキエンジニアリング
山本 英明 氏
モリワキエンジニアリングで営業を担当し、さまざまなイベントにも参加。GBでのレース参戦の経緯を語っていただいた

モリワキがどうしてGB350でレースをすることになったのか。2021年にHSR九州より、2輪モータースポーツの門戸拡大、参加人口拡大のため「GB350/350S」のワンメイクレースを入門クラスとして開催したい。そのためにモリワキの力を貸して欲しいと連絡を受けたのが発端だった。モリワキとしてもGBで走りのカスタム提案をしたいと快諾。しかし入門クラスなのでプロライダーはNG。そこで2023年に創業50周年を迎えることもあり、これまで支えてくれたファンへの恩返しとしてライダーを公募することに決定した。その応募条件は「モリワキレーシングライダーになりたい」という熱い想いのみ。そこで選ばれたのが金子美寿々さんだった。金子さんは小さい頃ポケバイでレースをし、チャンピオンになる腕前だったそうだが家庭の事情でレースを断念。バイクからも離れていたがある病気になったのを機にバイクへの情熱が蘇り、そのタイミングでたまたま目にした企画に応募。その熱さ、レースに勝ちたいという想いが評価され選考を通過。森脇尚護社長によるトレーニングもあり短期間で実力を向上させ見事優勝。山本氏が言う通り、これ以上ない物語になったのだった。

自分のレースと言うだけでなく、他の応募者
モリワキファンのためにも頑張りたかった

金子 美寿々 氏
普段は3児の母だが公募によりモリワキGB350レーサーのライダーとなる。ミニバイクレースにも参戦中とのこと

応募した時はサーキットを走り始めたばかりだったという金子さん。バイクは12歳で一度離れ16年休んでいたそうで、まず免許を取り公道デビューしたが何かが違う。そこでサーキットへと舞台を移すと「やはり楽しいな」となっていた中で公募に出会ったそう。合格後、大きなバイクは初めてとのことで、まず駐車場でのスラローム等基礎トレーニングが始まったが、周囲も驚くほどの根性を発揮したそうだ。ワンツーマンでのレッスンでレースに向けた実践練習を積んだ金子さん。初レースは、始まる前は緊張したそうだがいざ始まると「楽しいだけだった」と只者ではないコメント。2023年は最低優勝、そしてコースレコード更新とした目標をプレッシャーを感じながら達成と、選考における目の確かさを証明していた。

モリワキマフラー誕生秘話

高性能マフラーで知られるモリワキ。GB350用ストリートマフラーはどういったもので、どのように開発されたかに迫っていこう。

サウンドとともにパワーにこだわった

モリワキエンジニアリング
浦田　晃 氏
GB350用を始めとしたモリワキ製ストリート用マフラーの開発を広く手掛ける

下から力が出ていて完成度が高いというノーマルマフラー。反面、エンジンブレーキが強く感じる短所もあるそうだが、それを超えるべき作られたモリワキのマフラーは、スリップオンマフラーとB.R.Sフロントパイプというラインナップになっている。スリップオンは全体的に力を上げることを念頭に開発され、フロントパイプはエンブレやドン付きを緩和、扱いやすくしつつさらにパワーを上乗せできるという。こうした構成としたのは、単体価格を抑え、より手にしやすくしたいという狙いからで、まずスリップオンから、ステップアップとしてフロントパイプを取り付けてほしいとのこと。サイレンサーはパワーと音の両立を図るため、モリワキ独自の複式反転式構造を採用。これにより音疲れの原因となる単気筒特有の炸裂音を低減しながら鼓動感溢れるパンチの効いたサウンドを実現。スリップオンでは普段使いする回転域でのパワーを上乗せ。さらにフロントパイプとの同時装着で全域でのパワーアップを体感できるそうだ。

シングルエンジンならではのサウンド、特性に合わせて作られたモリワキ製マフラー。フロントパイプは二重管構造とし、内外のパイプ間の空間を膨張室とすることでエンジンブレーキ緩和効果を得ている。またパワーを追求すると最適なパイプ径は細く、実際二重管の内側は細いそうだが、それではスタイル的に貧弱になるので、純正より太いΦ 50.8mm の外側パイプを使っている。狙ったパワーを達成できなければ製品化しないというほど性能にこだわって作られるモリワキマフラー。カスタムの候補に付け加えてみては？

読者 プレゼント

ご協賛各社より読者プレゼントを頂いた。希望される方は、右の応募要領に沿って、弊社編集部まで応募してほしい。

● **応募先**

官製はがきに、住所、氏名、希望商品、本書の感想を記載の上、下記までお送りください。締切は**2024年12月31日消印有効**となります。

〒151-0051
東京都渋谷区千駄ヶ谷 3-23-10　若松ビル2F
株式会社スタジオタッククリエイティブ
GB350/350S カスタム&メンテナンス
プレゼント係

※当選者の発表は商品の発送(2025年1月初旬予定)をもって代えさせていただきます。

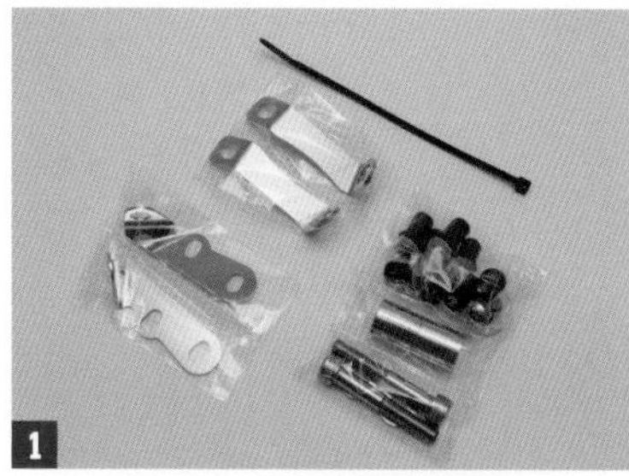

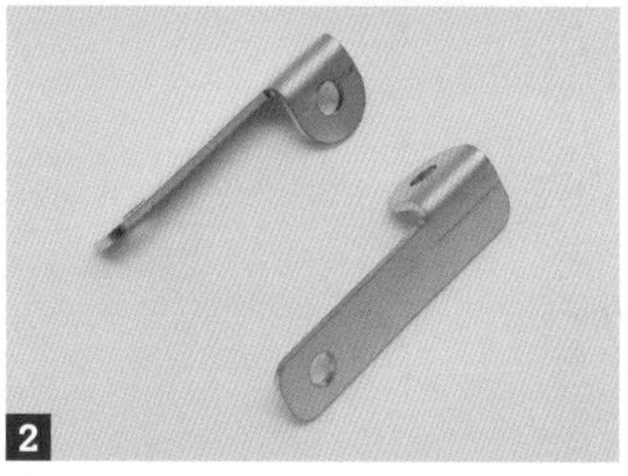

1. こちらはどちらの車種用でも共通となるビキニカウルマウント用のステー、スクリーン固定用のナット類　**2.**350S用の製品では、純正フロントウインカー移設用のステーが付属する

アルミビキニカウルキット スモークスクリーン　**1名**

GB350にカフェレーサーイメージを加えてくれる、アルミ製ビキニカウルキット。シングル系カスタムパーツを長年作り続けてきたWMならではの、スタイリッシュかつ高品質なアイテムだ。製品は350用、350S用は別製品となるが、プレゼント品はフィッティングパーツを追加してお送りするので、どちらの車両でも取付可能だ

提供　WM

MORIWAKI 50th anniversary
トートバッグ　**5名**

モリワキエンジニアリング創業50周年を記念して作られた同社ECサイト限定販売のトートバッグ。サイズは縦39cm、横33cmとなっている

提供 モリワキエンジニアリング

GB350/350S カスタムパーツカタログ

GB350/350S CUSTOM PARTS CATALOG

シンプルなスタイルの GB350/350S はカスタム素材としても評価が高い。ここではスタイルを変更させる外装パーツを始め、機能性を向上させるパーツ等々、愛車の魅力をアップするカスタムパーツを紹介していく。

WARNING 警告

● 本書は、2023年11月時点の情報を元にして編集されています。そのため、本書で掲載している商品やサービスの名称、仕様、価格などは、製造メーカーにより予告無く変更される可能性がありますので、充分にご注意ください。価格は消費税(10%)込みです。

Exhaust マフラー

カスタムの代名詞と言えるマフラー交換。スタイルを重視しがちだが、性能や車検への対応具合も充分認識した上で選んでいきたい。

DLIVE ストリートライン スリップオンマフラー

350、350S両対応のスリップオンマフラー。メガフォンスタイルと耐熱ブラック仕上げで愛車をよりクラシカルに彩る。～'22対応

カラーズインターナショナル ¥73,700

DLIVE ストリートライン スリップオンマフラー

ステンレス製のメガフォンスタイルスリップオンマフラー。重量は純正比 -1.5kgの1.9kgと軽量。こちらはポリッシュ仕様だ。～'22対応

カラーズインターナショナル ¥73,700

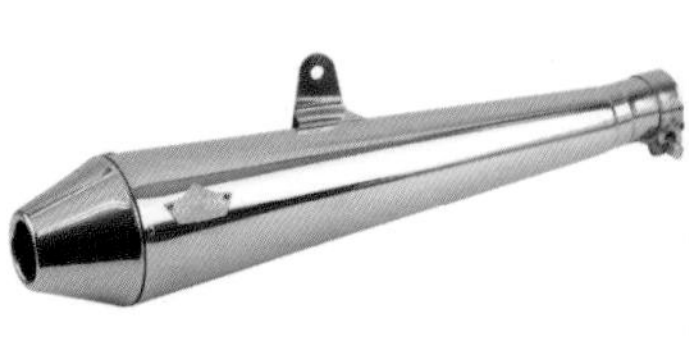

TAPERED CONE スリップオンマフラー GB350S

メガホンにテーパーコーンエンドというクラシカルデザインで作られたオールステンレス製スリップオンマフラー。～'22年モデル用となるレース専用品。ブラック仕様は Webike 限定品となる

GOODS ¥38,500

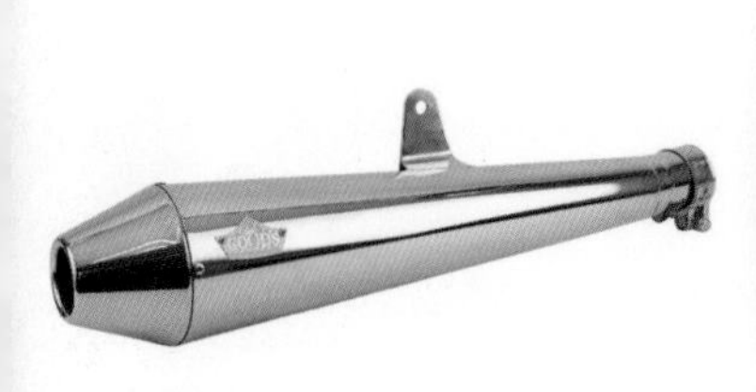

TAPERED CONE　スリップオンマフラー GB350

クラシカルでありながらスタイリッシュなステンレス製のスリップオン。350専用設計で、弾けるようなシングルサウンドでありながら純正と同程度の音量を実現。レース専用品。～'22モデル用

GOODS　¥38,500

スリップオンエキゾースト モンスター SUS

純正から大幅に小型化&ショート化された伝統のモンスターサイレンサーを採用。鼓動感あるパンチの利いたサウンド。車検対応品

モリワキエンジニアリング　¥69,300

スリップオンエキゾーストショートメガホン ブラック

モリワキ独自の消音ユニットで音質に徹底的にこだわる。ブラック塗装仕上げに金のロゴが印象的。対応年式で種類があるので注意

モリワキエンジニアリング　¥69,300

スリップオンエキゾーストショートメガホン BP-X

サイレンサーシェルに光沢あるブラックパール・カイ仕上げを用いたスタイリッシュなスリップオン。～'22モデル用と'23モデル用あり

モリワキエンジニアリング　¥74,800

スリップオンエキゾースト モンスターブラック

オールドルックでありながらスパルタンなスタイルを提供。パイプはステンレス、サイレンサーはアルミとなる。各年式用あり

モリワキエンジニアリング　¥69,300

スリップオンエキゾーストショートメガホン SUS

～'22モデル用と'23モデル用があるスリップオンで、GBのスタイルを崩さない小型なサイレンサーを採用。サイドバッグ対応

モリワキエンジニアリング　¥69,300

B.R.S フロントパイプ SUS

二重管構造採用で、減速時のエンジンブレーキとドン付きを軽減させるフロントパイプ

モリワキエンジニアリング　¥66,000

B.R.S フロントパイプブラック

同社製スリップオンマフラーとの組み合わせで単気筒特有のパルスを抑制し、加減速をスムーズにする。ステンレス製耐熱黒塗装仕上げ

モリワキエンジニアリング　¥66,000

ワイバンクラシック スリップオン ステンポリッシュ

サイレンサーエンドに向けて細くなるテーパー形状のトラディショナルキャブトンを用いたスリップオンで、心躍る重低音シングルサウンドを実現している

アールズ・ギア　¥69,300

ワイバンクラシック スリップオン ブラックエディション

低回転域から全域にわたりトルク&パワーアップを実現。ブラック仕上げとすることでよりクラシカルさを演出している。～'22モデル用

アールズ・ギア　¥73,700

スリップオン キャブトン

先細のショートキャブトンサイレンサーを使ったスリップオンマフラー。シルバーとブラックの2タイプをラインナップ。安心の政府認証品で車検に対応する。～'22モデル用

TSR ¥77,000/79,200

UP タイプマフラー

350Sのクラシカルなイメージを活かしスクランブラースタイルを再現する。現在開発中だが車検対応品での発売を予定している

スズカベース ¥未定

スリップオンマフラー ビレットタイプ

湾曲したアルミ削り出しエンドを持つスリップオンマフラーで、ブラックカーボン仕様とブラックステンレス仕様あり。認証制度非適合

ウィルズウィン ¥50,600

スリップオンマフラー バレットタイプ

静音で重低音サウンドを生み出すマフラー。ブラックカーボンとブラックステンレスの2タイプあり。車検適合品ではないので注意

ウィルズウィン ¥50,600

スリップオンマフラー スラッシュタイプ

アルミ削り出しエンドを備えたマフラーで、サイレンサーシェルはブラックカーボンとブラックステンレスが選べる。車検には対応しない

ウィルズウィン ¥50,600

スリップオンマフラーメガホンタイプ

クラシカルなイメージのデザインながら存在感溢れるスタイルへ仕上げた。ステンレス製鏡面仕上げ。非認証マフラーとなる

ウィルズウィン ¥36,300

Slip-On GP-MAGNUM105サイクロン EXPORT SPEC SS

シンプルな丸形サイレンサーをGBにマッチするようレイアウト。全域でノーマルを上回るパワーとトルク、程よくマイルドなサウンドを実現。サイレンサーはステンレスを使用。～'22用と'23用あり

ヨシムラジャパン ¥64,900

Slip-On ストレートサイクロン

ヨシムラ伝統の直管スタイルをスリップオンで再現。パワフルな加速性能と躍動感あふれるサウンドを楽しめる。350専用

ヨシムラジャパン ¥69,300

Slip-On GP-MAGNUM105サイクロン EXPORT SPEC SM

カーボン風のメタルマジックカバーを採用したスリップオンマフラー。素材はステンレスをメインとして使い、近接排気音は88dB となる。～'22モデル用と'23モデル用がある

ヨシムラジャパン ¥73,700

Slip-On GP-MAGNUM105サイクロン EXPORT SPEC STB

性能を重視しつつ職人的な溶接の焼け色や加工痕を活かして作られたスリップオンマフラー。鮮やかなチタンブルーサイレンサーが魅力的。'21～'22年モデル用と'23年モデル用を設定する

ヨシムラジャパン ¥75,900

SLIP-ON カーボン

サイレンサーにカーボンを使ったスリップオンマフラー。専用ステンレス製ヒートガードとジョイントガスケット付属。350と350S用あり

ヤマモトレーシング ¥62,700

GB350S SLIP-ON アルミプレス ブラック

同社の往年のスタイルを再現したアルミプレスサイレンサーを使用。音量86dbで安心の車検対応。350S専用のブラック仕上げ

ヤマモトレーシング ¥74,800

GB350 SLIP-ON アルミプレス

350のスリップオンマフラーでサイレンサーはバフ仕上げとなる。ノーマルに比べ1.5kg軽量で、車検対応品となっている

ヤマモトレーシング ¥68,200

SLIP-ON チタン

レーサーでロゴが刻まれたチタンサイレンサーを用いたスリップオン。350用と350S用があり取付用ガスケットが付属する

ヤマモトレーシング ¥64,900

DRCエキゾーストパイプガード 4サイクル

エキゾーストパイプを飛び石からガードする汎用品。スクランブラーイメージを付け加えるのにうってつけ。取り付け用バンド付き

ダートフリーク ¥3,740

エキゾーストマフラーガスケット H-13

マフラー交換時の必需品。エンジンとエキゾーストパイプの間に使い排気漏れを防止。1個売りだが、2個セットもあり(¥770)

キタコ ¥418

マフラージョイントガスケット JPH-4

スリップオンマフラー取付時に使いたい、エキゾーストパイプとサイレンサーとの接続部に使うガスケット

キタコ ¥1,320

Handle
ハンドル周り

乗車時に目に入る機会が多い、ハンドルやその周辺パーツを紹介する。実用性、乗りやすさ、スタイルと、カスタム効果の高いものばかりだ。

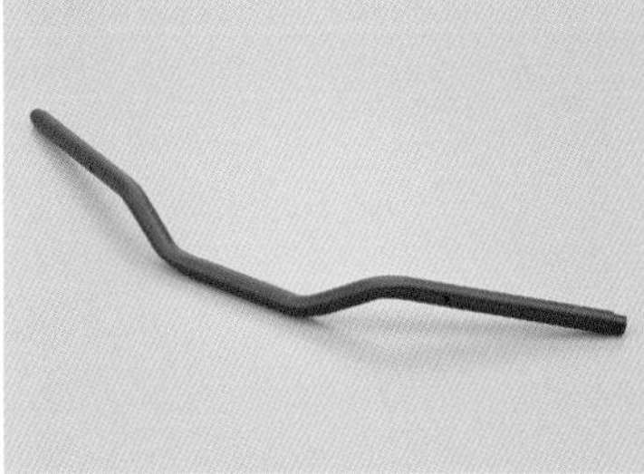

LOW スタイルハンドル

350純正ハンドルよりグリップ位置を15mm低く、若干手前内側に絞ることでスポーティなポジションになるハンドル。スイッチボックス用穴あけ加工済み、スチール製マットブラック塗装仕上げ

デイトナ ¥11,000

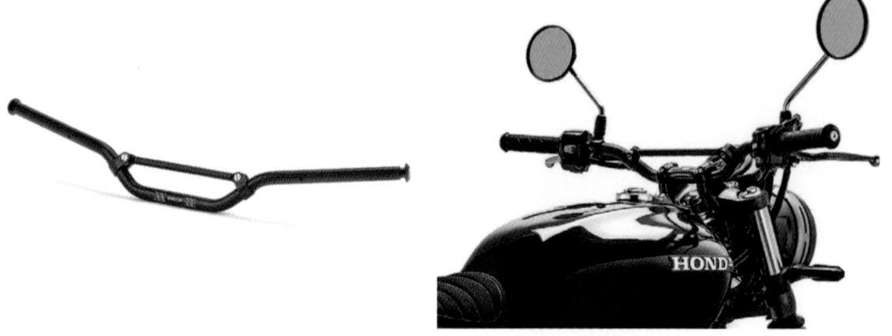

ZETA スクランブラーハンドルバー GB350/GB350S用
ワインドアップ形状で走行安定性を高めたスクランブラースタイルのハンドル。スイッチボックス用の穴あけ加工済みでボルトオンで取付可能。高強度アルミ合金製、専用バーエンドプラグ付き
ダートフリーク　¥13,750

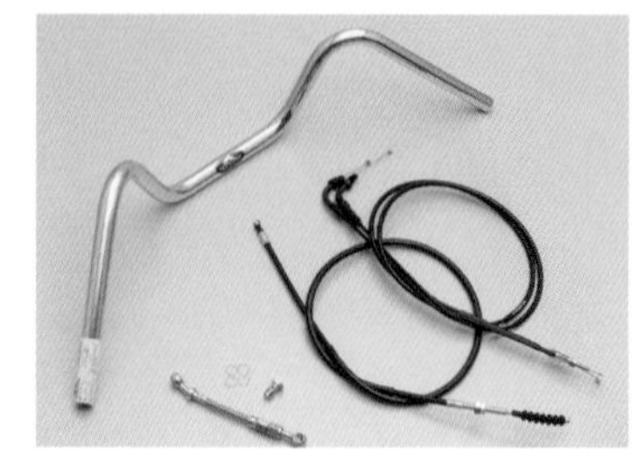

140フォワードアップ ハンドルSET
取り付けに必要なロングタイプのケーブルと延長用ブレーキジョイントが付属。ハンドルの全幅は710mm。クロームメッキ仕上
ハリケーン　¥22,110

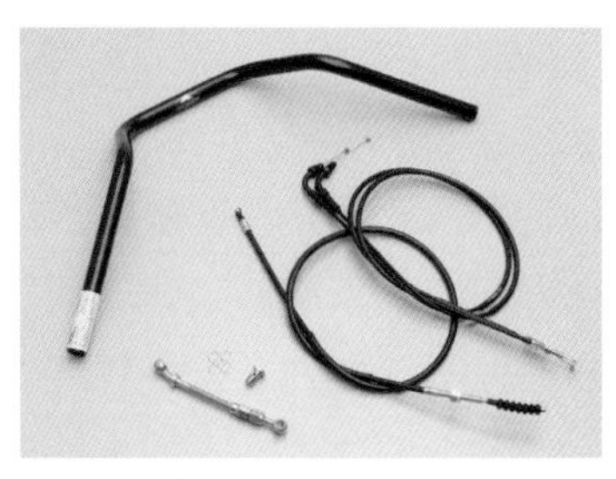

ナロー3型ハンドルSET
350純正比 75mm 幅狭ながら50mmアップに設定されたハンドルとロングケーブル、ジョイントブレーキホースのセット。メッキもあり
ハリケーン　¥21,670/22,110

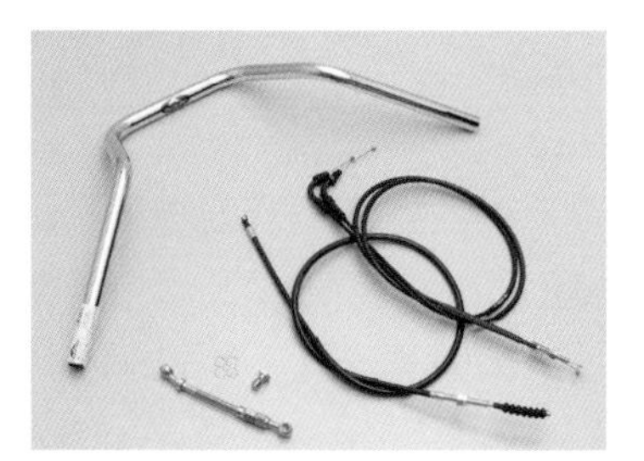

ナロー 4型ハンドル SET
ナロー3型より高く、よりグリップが手前に来る形状を採用。取り付けにはハンドルへの穴あけ加工が必要。仕上げはクロームメッキのみ
ハリケーン　¥21,670

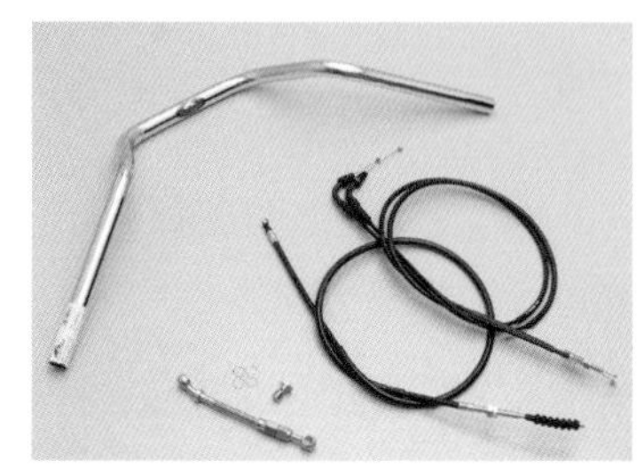

POLICE3型ハンドルSET
白バイを思わせるアップなハンドルで全幅は350純正よりナローな685mmに設定。ブラック仕様も設定する
ハリケーン　¥21,670/22,110

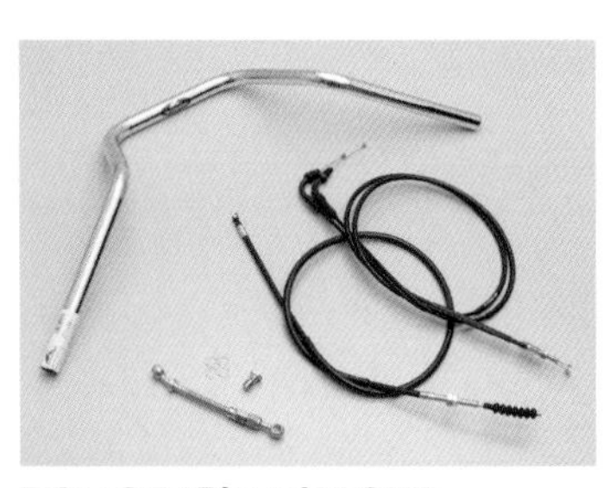

POLICE4型ハンドルSET
4型より高い全高155mmとし、よりゆったりしたポジションを生むハンドルと取り付け用ケーブル類のセット。クロームメッキ仕上げ
ハリケーン　¥21,670

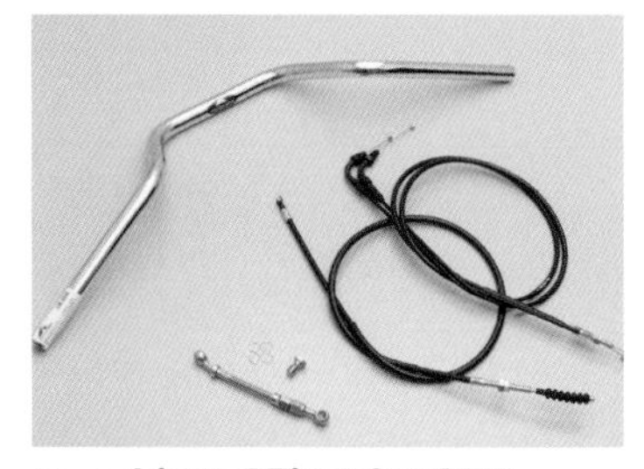

ヨーロピアン3型ハンドルSET
350純正に比べ65mm高く絞りが利いたハンドルと取り付け用ケーブル類のセット。クロームメッキ仕様とブラック仕様あり
ハリケーン　¥21,670/22,110

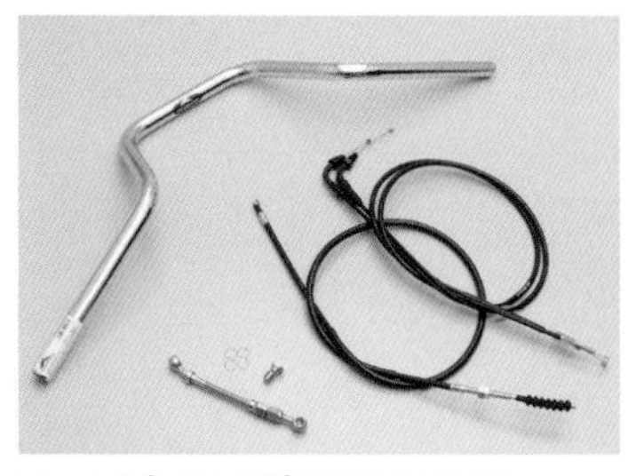

ヨーロピアン4型ハンドルSET
3型より30mm高い、全高175mmとしたヨーロピアンハンドル。取り付けにはハンドル穴あけが必要。クロームメッキ仕上げ
ハリケーン　¥21,670

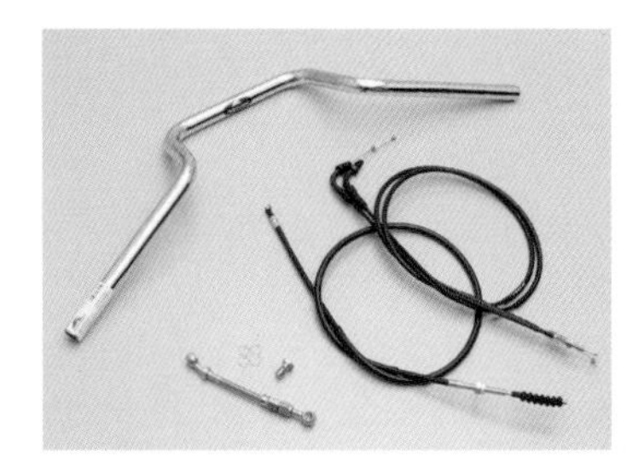

CB1300P-TYPE ハンドルSET
白バイのハンドルをモデルとした全幅720mm、全高125mmのハンドル。取り付けに必須のケーブル類がセットで安心だ
ハリケーン　¥21,670

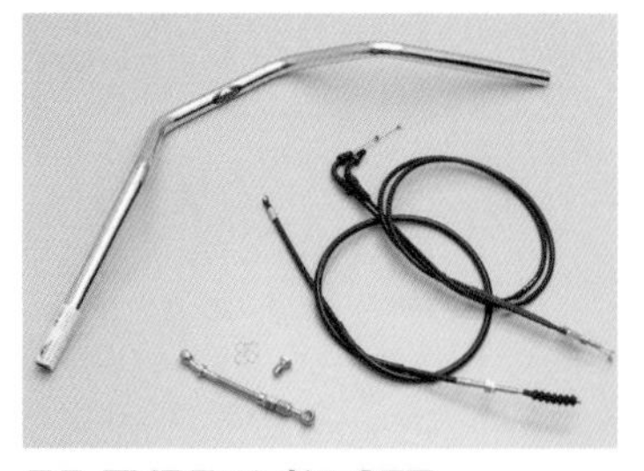

ZII-TYPEハンドル SET
Z2純正ハンドルを再現したワイド&アップなハンドルセット。全幅 755mm、全高 135mmでクロームメッキ仕上げとなる
ハリケーン　¥22,110

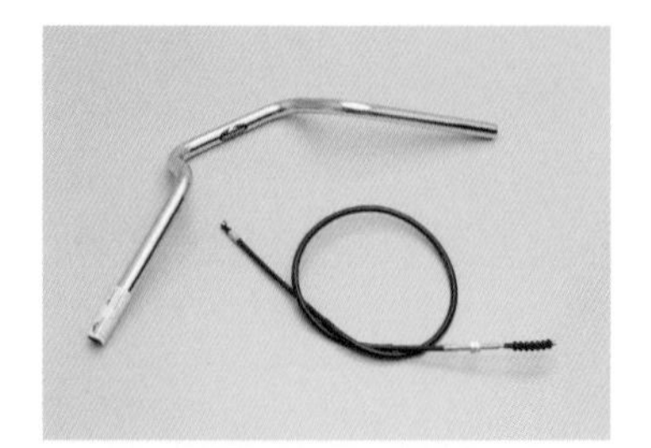

クォーター3型ハンドルSET
高さ120mm、全幅 650mm、前後長205mmの汎用ハンドルとロングクラッチケーブルが付属するセット
ハリケーン　¥6,820

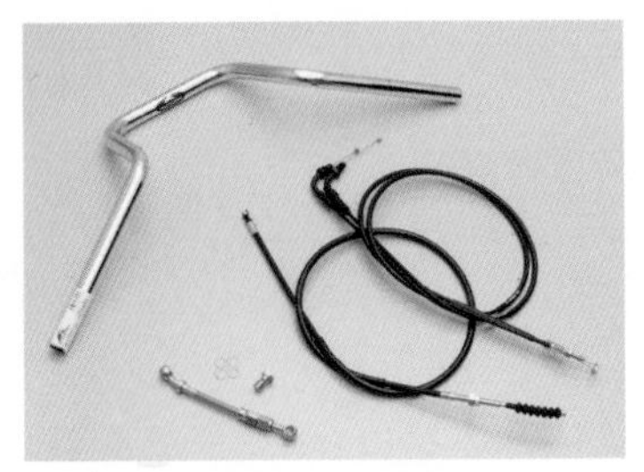

クォーター4型ハンドルSET

高さ150mm、全幅650mm、前後長220mのハンドルと必要なケーブル、ブレーキホースのセット。クロームメッキ仕上げ

ハリケーン　¥21,670

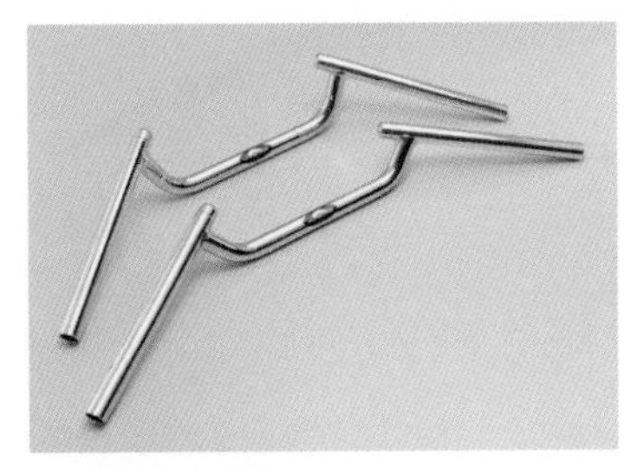

コンドルハンドル

全長60mm、全幅685mmのSWコンドルハンドル（下）と同80mm & 645mmのコンドルハンドル。ブラック仕様もあり

ハリケーン　¥5,940/6,380

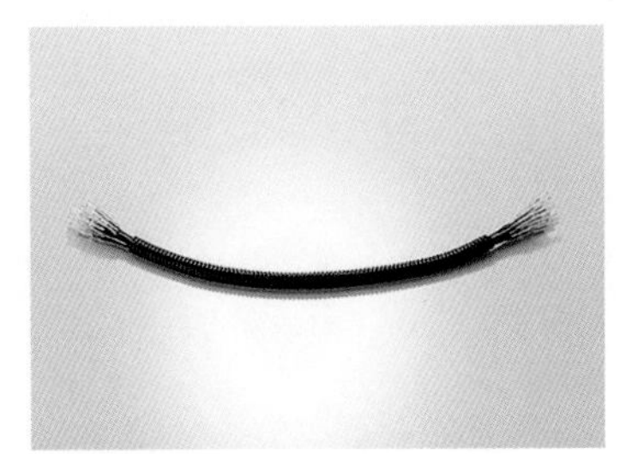

汎用 延長コード 圧着スリーブ付

配線を延長するための汎用コードで、付属スリーブを電工ペンチでカシメて取り付ける。長さ350mmで10本セット

ハリケーン　¥1,540

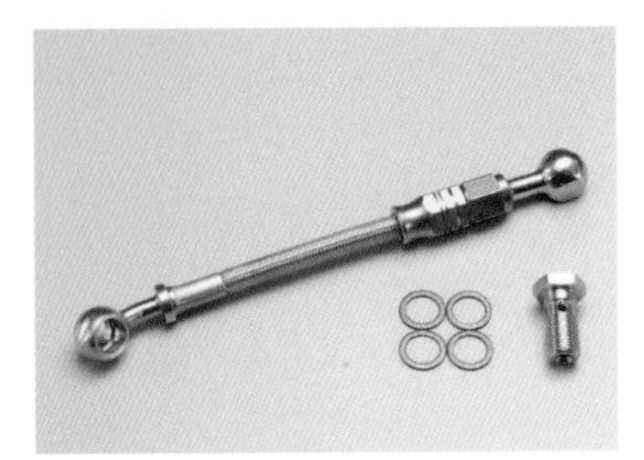

ブレーキホースジョイント

ハンドル交換時、長さが足りなくなるブレーキホースを連結して延長できるジョイント。長さは150mm、カシメ部30度曲がりタイプ

ハリケーン　¥10,450

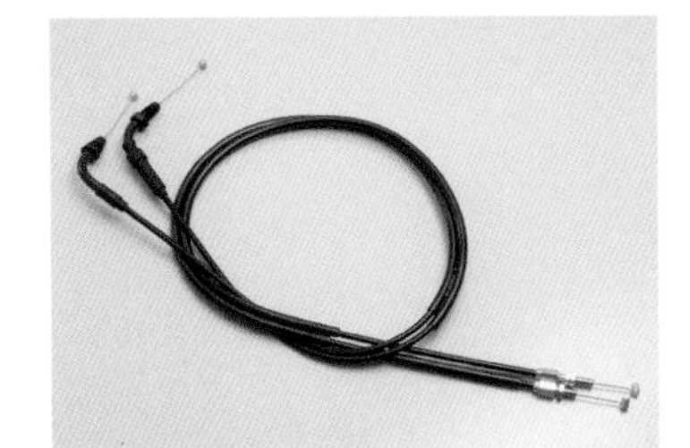

ロングスロットルケーブルW

同社製を始めとしたワイドなハンドル装着時に使いたいスロットルケーブル。350純正比50mmロングと100mmロングの2種あり

ハリケーン　¥4,400

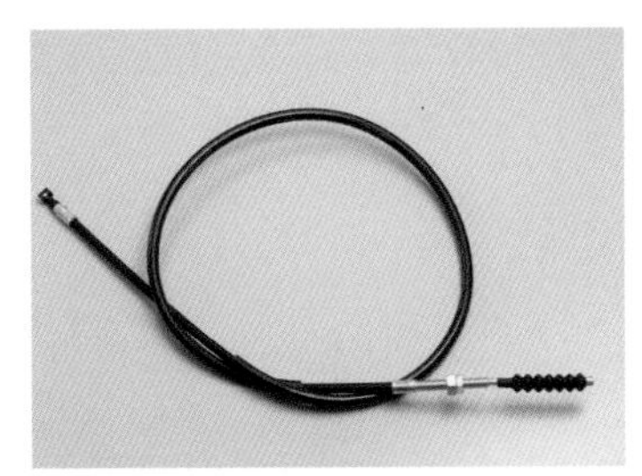

ロングクラッチケーブル

ワイドハンドル取付時に届かなくなるクラッチケーブルの対策品。350純正比50mmロングと100mmロングの2タイプを設定

ハリケーン　¥2,420

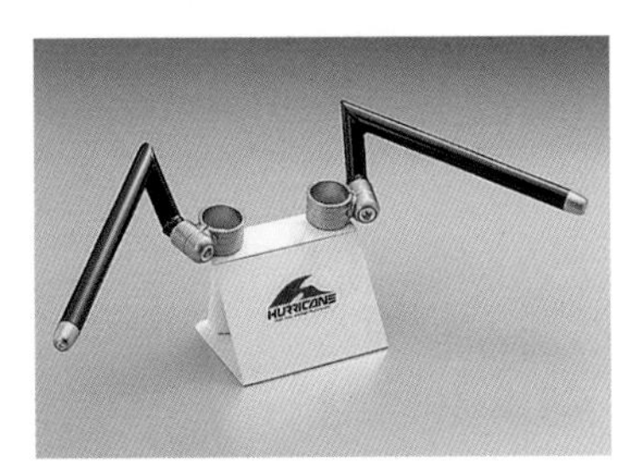

セパレートハンドル TYPE I

角度が変更可能なセパレートハンドルで、GBにはホルダー内径41mmのものが対応。ホルダー部のカラーはブラックもある

ハリケーン　¥14,300

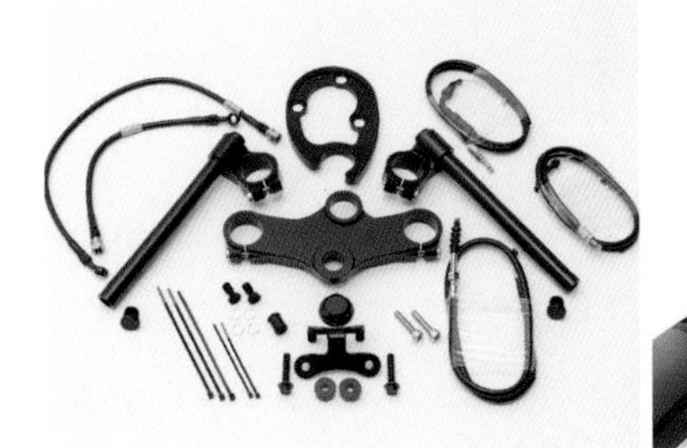

セパレートハンドル&トップブリッジキット

トップブリッジを含めてハンドル設計することで、スッキリとした見た目と無理のないポジションを両立。ブレーキホース、ケーブル類、メーターステー付属。カラーは2タイプ、～'22モデル用

アクティブ　¥77,000

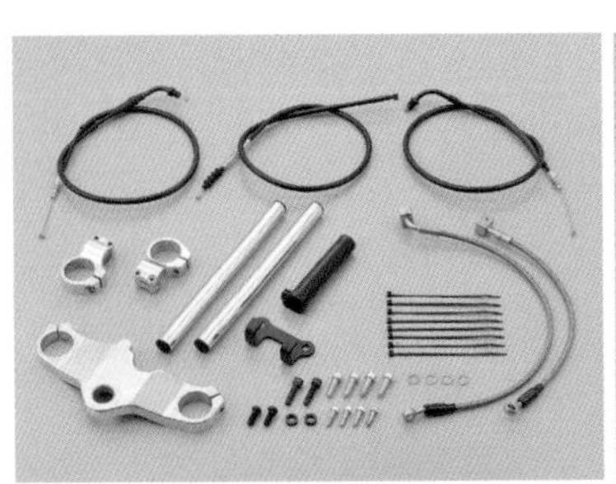

セパハンキット

カフェレーサースタイルに最適なセパハンスタイルにするキットで、トップブリッジ、ハンドル、ケーブル、ブレーキホース等必要なものが全て揃う。～'22モデル用でシルバーとマットブラックあり

デイトナ　¥57,200/61,600

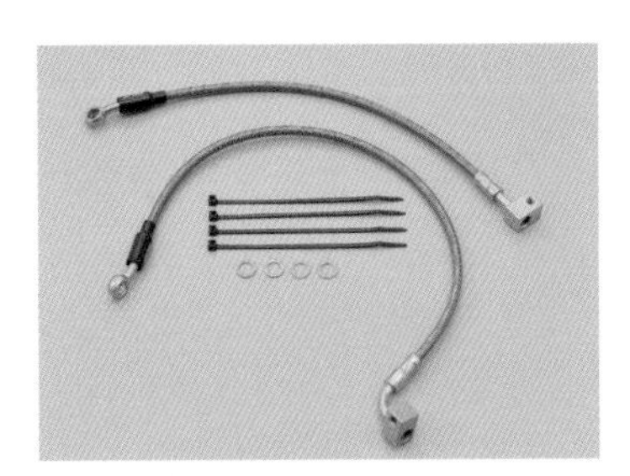

ショートブレーキホース GB350/S

セパレートハンドルや低いハンドル使用時に使える80mmショートのアッパーと純正長のロアーのブレーキホースセット。～'22用

デイトナ　¥13,200

ショートクラッチケーブル

350純正比で100mm、350Sで70mmほどショートとなる、セパハン仕様車にぴったりなクラッチケーブル。～'22モデル用

デイトナ　¥3,300

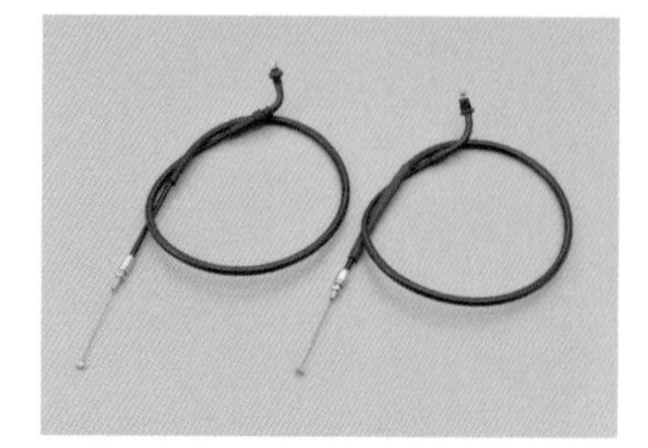

ショートスロットルケーブル

～'22モデル対応品で、セパハン取付時にジャストサイズな長さに設定。350比で60mm、350S比で35mmショート設定となる

デイトナ　¥5,500

ハンドルストッパー

ハンドル切れ角を制限しセパハン装着時のハンドルとタンクの接触を防ぐ。公道走行時は別売トップブリッジを使用のこと

デイトナ　¥3,300

GB350トップブリッジ

セパレートハンドル用に設計されたトップブリッジ。対応するセパレートハンドル(¥50,600)もラインナップ。～'22 350用

ヤマモトレーシング　¥49,500

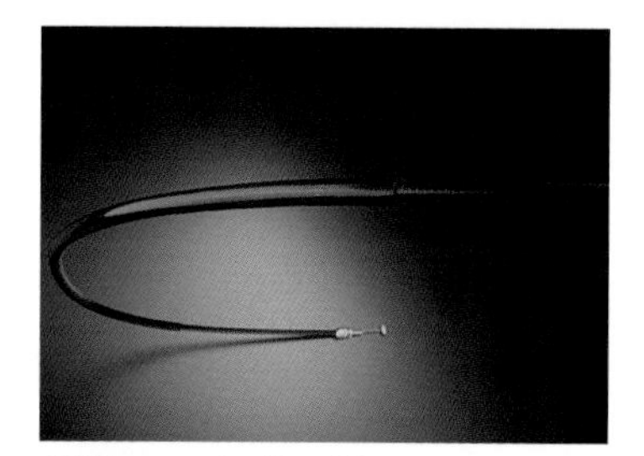

100mm ロングワイヤー

純正同様のフィッティング金具を使った100mmロングのワイヤー。クラッチワイヤーとスロットルワイヤーあり。350S不可

アルキャンハンズ　¥2,860/4,620

汎用 バーエンド アウターセット

機械加工をすることで、別売となるインナー(¥1,430)が見えるデザインとしたバーエンドアウター。カラーは6種類を設定、～'22用

エンデュランス　¥2,420

汎用 組み合わせバーエンド アウターセット

別売インナー(¥1,430)と組み合わせて様々なカラーを楽しめる。シンプルな形状でリーズナブルな価格とした。全6色設定。～'22用

エンデュランス　¥2,035

バーエンドセット

ハンドルウエイトの機能を持ち、微振動が軽減できる。ステンレス製削り出しで高級感も高いバーエンド。～'22モデル用

リーファトレーディング　¥6,600

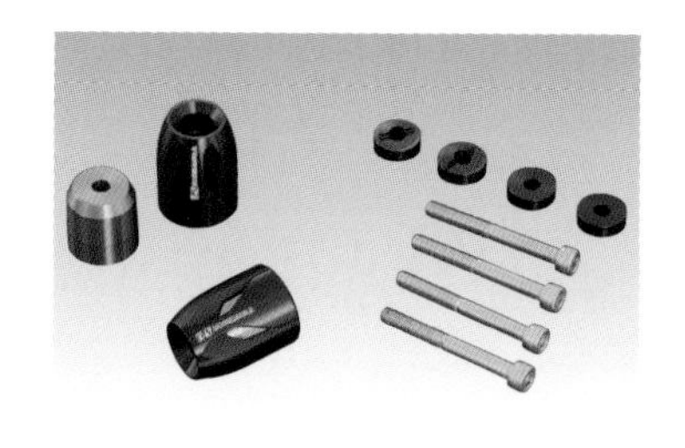

ハンドルバーエンド High Line

2色の黒色で構成され穴が設けられたメインボディと、その穴から覗くスレートグレーのインナーで構成されたバーエンド

ヨシムラジャパン　¥17,600

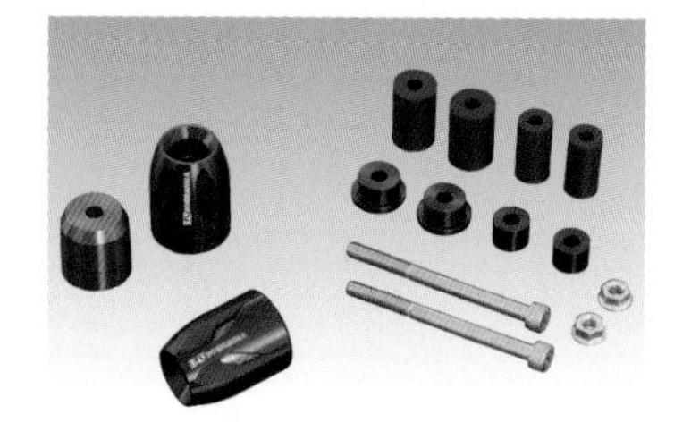

ハンドルバーエンド High Line

アルミ削り出しの2ピース構造で色鮮やかなコントラストが楽しめるバーエンド。こちらのインナーカラーはレッドとなる

ヨシムラジャパン　¥17,600

ハンドルアッパーホルダー タイプ3

ハンドル周りをドレスアップできるアルミ削り出しのホルダー。ノーマルハンドルホルダー専用で2個セット。4つのカラーがある

キタコ　¥7,150

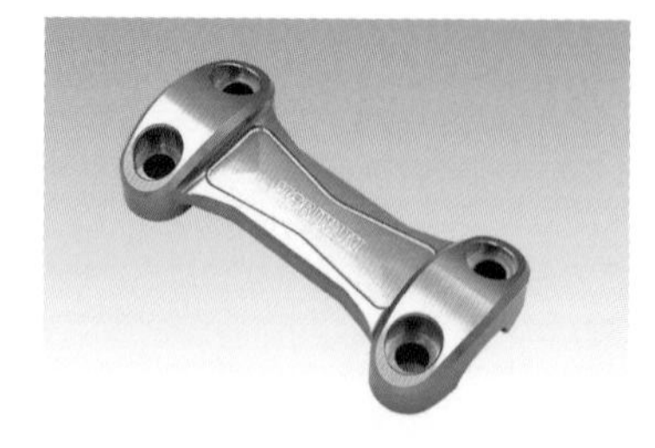

ハンドルホルダーアッパー

チタンゴールド、ブラック、シルバーの3色から選べるハンドルアッパーホルダー。高強度、超軽量なアルミ合金から削り出した品だ

モリワキエンジニアリング　¥9,900

マルチパーパスバー

ノーマルハンドルに装着できるΦ22.2mmの多目的バー。スマートフォンホルダーに代表される、ハンドルクランプタイプアクセサリーの取り付けが可能

キタコ ¥4,840

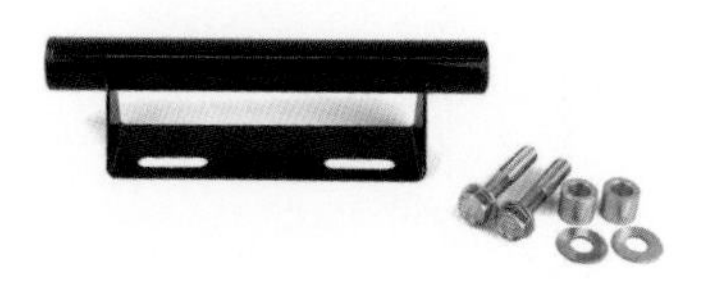

マルチバーホルダー

ハンドルクランプと共締めして取り付けるアイテムで、ハンドルクランプタイプの各種アクセサリーが取付可能。～'22モデルに適合

エンデュランス ¥3,850

ハンドルブレース

ハンドル剛性を高め、よりダイレクトなハンドリングを実現。Φ22.2mm ハンドル用の汎用品。長さ調整式で様々なハンドルに対応する

キタコ ¥8,800

ZETA アドベンチャーアーマーハンドガード

ハンドル全長が短く曲げ角度が大きいハンドルに合わせて作られたアルミ合金製ハンドガード。カラーはブラックとチタンがあり、専用のプロテクターが各種設定されている

ダートフリーク ¥16,940

ZETA ソニックハンドガード

様々なバイクに合わせて多様なプロテクターが取り付けられるハンドガード。取り付けはハンドルバーエンドに固定するだけと、従来のハンドガードのような煩雑さは不要

ダートフリーク ¥16,500

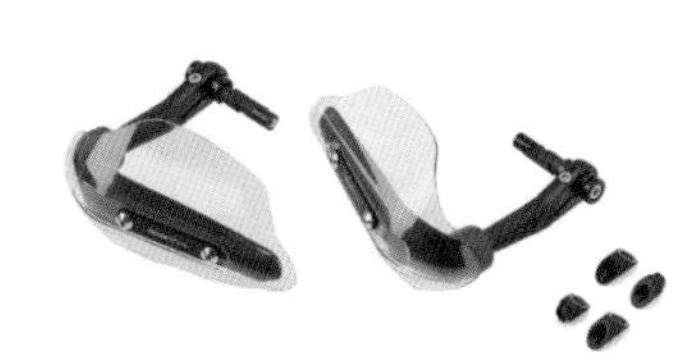

ZETA ソニックハンドガード PCキット

ポリカーボネイト製プロテクターを標準装備したハンドガード。取り付けはハンドルバーエンドに固定するだけと簡単

ダートフリーク ¥19,800

汎用ハンドガードセット

ミラーと共締めして取り付けるハンドガードセット。オーソドックスなデザインで車体とのマッチングも良好。プレート部はPP樹脂製となる。350Sの～'22モデルまでに適合する

エンデュランス ¥8,910

STFクラッチレバー
ブラック、ガンメタ、グリーン、レッド、ブルー、ゴールドの各色があり、イモネジによりレバー位置を調整できる。～'22モデルに対応

アクティブ　¥6,380

STF ブレーキレバー
ホルダー精度が高いレバーで、ダイヤル操作でレバー位置を細かく調整可能。可倒レバーはカラーを6種類から選べる

アクティブ　¥11,000

アジャスタブルレバー左右セット マット
6段階で位置が調整できるレバー。マット調で落ち着いた雰囲気を演出することが可能。カラーは青、赤、緑、黒、金、銀。～'22モデル用

エンデュランス　¥12,650

アジャスタブルレバー左右セット
デザイン性と軽量化を兼ねたエアロダイナミック形状のレバー。位置は6段階に調整できる。6色設定、左右セット。～'22モデル用

エンデュランス　¥12,430

アジャスタブルレバー左右セット HG
レバー位置可変で軸にベアリングを採用と高機能でありながら2トーンカラーのスタイリッシュさを併せ持つレバー。～'22モデル用

エンデュランス　¥15,730

アジャスタブルレバー左右セット スライド可倒式
レバー位置だけでなく、長さも147～182mmの間で変えられる高性能レバー。～'22モデル用で青、赤、金、銀、黒の5色設定

エンデュランス　¥18,700

アジャスタブルレバー左右セット 可倒式
もしもの転倒時に折れる可能性を低減できる可倒構造を採用。カラーは写真の5色に加えグリーンがある。～'22モデル用

エンデュランス　¥15,730

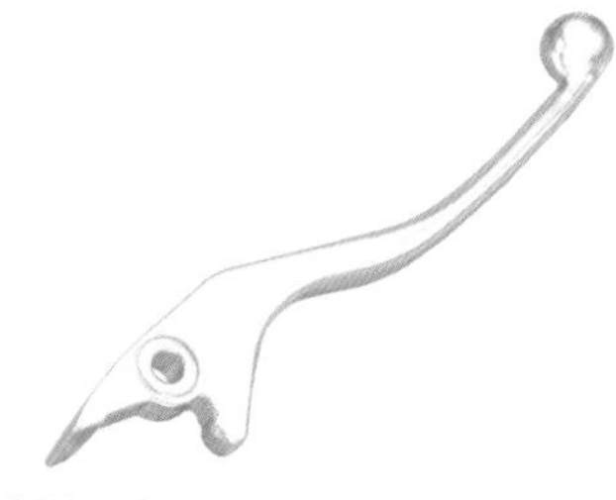

右側レバー HR-14
万が一の転倒等によるレバー欠損時に重宝する純正と同仕様に設定された補修用のブレーキレバー

キタコ　¥1,540

クラッチレバーシム
上下の大きなガタが気になる、～'22年までのモデル用のクラッチレバー用シム。摩擦音が小さく摩擦も小さい素材を使用する

キジマ　¥550

NK-1ミラー
6種類のヘッド、エルボが選べるミラー。ヘッドはカーボン製で、それも平織りカーボン、綾織カーボンを選択できる

マジカルレーシング　¥41,800～53,460

DRC161オフロードミラー左用
角度を細かく設定でき、折りたたみも可能なピボット付きステーを採用したオフロード車専用の大型ミラー。左用

ダートフリーク　¥2,200

DRC161オフロードミラー右用
オフロードのハードなライディングに対応した右用ミラー。ステーはピボット機能を持ち、細かく角度調整できるのもポイント

ダートフリーク　¥2,200

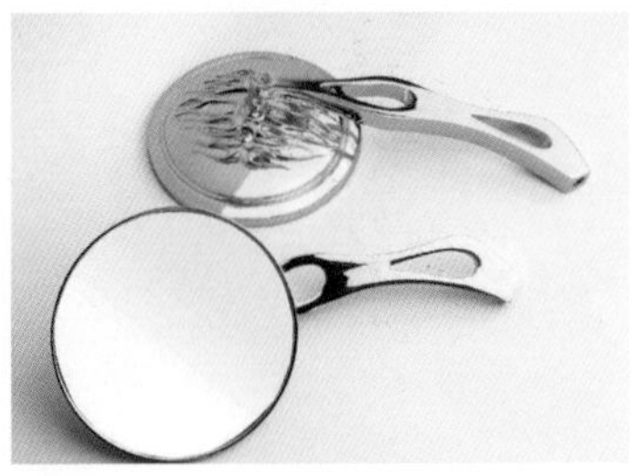

サークルミラー

鏡面自体はベーシックな丸形ながら個性的なボディとステーを採用したカスタム感あふれるミラー。2本セットで '23モデルに対応

エンデュランス　¥7,260

ラジカルミラー サークル

2トーンのボディに10段階で角度調整ができるステーを組み合わせたカスタムミラー。カラーはブラック&レッド。2本1セット

エンデュランス　¥10,780

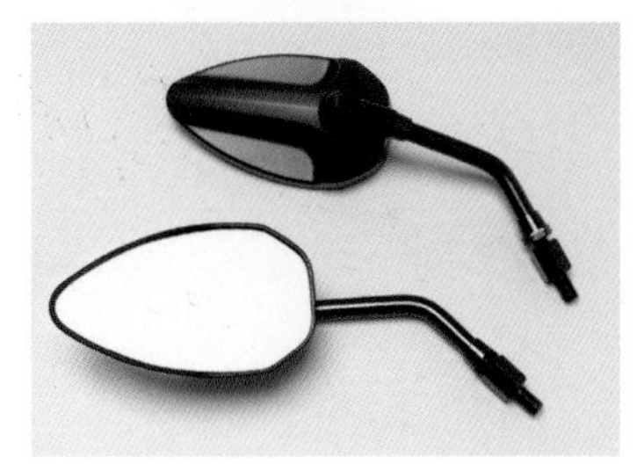

ベーシックミラー

縦約80mm、横約140mmの鏡面を使ったミラーで、どんなスタイルにも合わせやすい形状が魅力。'23モデルに対応、2本セット

エンデュランス　¥4,290

ラジカルミラー

ブラックのベースに差し色(レッド、ゴールド、メッキ、ブルー)を組み合わせた印象的なミラー。メッキ&レッド仕様もある。2本セット

エンデュランス　¥10,780

DRC ミラーホルダー

レバーホルダーを社外品に交換した時に使いたいアルミ削り出しのミラーホルダー。ボルトはサビに強いステンレスを使っている

ダートフリーク　¥1,600

ZETA タフロックスマートフォンマウント

CNC加工で作られ、高い剛性でハードな走行に対応。独自ラバーマウントシステムで振動や衝撃を緩和する

ダートフリーク　¥14,355

ZETA タフロックスマートフォンマウント

高強度アルミ合金製でスマホをガッチリホールド。転倒時の衝撃や走行時の振動を緩和する独自マウントを採用する。カラーはチタン

ダートフリーク　¥14,355

スマホホルダーセット

脱着が最短アクションででき、ストレスフリーでスマホが取り付けできるホルダー。固定ロック内側にラバーを設置し、振動を低減する。Φ22mm、25.4mm、31.8mmのパイプに取付可能

エンデュランス　¥3,410

スマホホルダー

ベルクロとジッパー二重構造としIPX6相当の防水性能を持つスマートフォンホルダー。Φ22.2～26mmのパイプにマウントできる

エンデュランス　¥5,940

スロットルキット

インナーパイプを交換することでアクセル操作のセッティングが可能。ホルダー部が異なる3つのタイプを設定する。'21モデル用

アクティブ　¥12,100～16,500

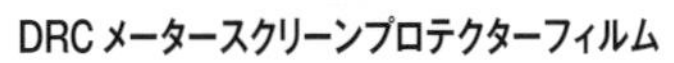

DRC メータースクリーンプロテクターフィルム

傷や紫外線から保護し、メーターの汚れや劣化を防ぐクリア光沢タイプの保護フィルム。貼り付けに失敗しても安心な2セット入り

ダートフリーク　¥2,530

メーター保護フィルム

貼り付けることで傷や汚れからメーターを保護するフィルム。車種専用にカットされているので、きれいかつ違和感無く貼り付けることが可能

キタコ　¥990

アルミキーボックスカバー

メインキーボックスを彩るアルミ削り出しのドレスアップカバー。両面テープ貼り付けタイプでカラーはレッド、ブルー、ゴールドを設定

キタコ　¥1,210

ステアリングステムナット M24xP1.0

アルミ削り出し＋レーザーマーキングでレーシーな雰囲気を醸し出すステムナット。カラーはレッド、ゴールド、スレートグレーの3種

ヨシムラジャパン　¥3,300

Loading parts 積載系パーツ

積載性はGBの数少ない短所といえる。ロングツーリング等、多くの荷物を積む時に取り付けたい、積載系パーツを紹介していこう。

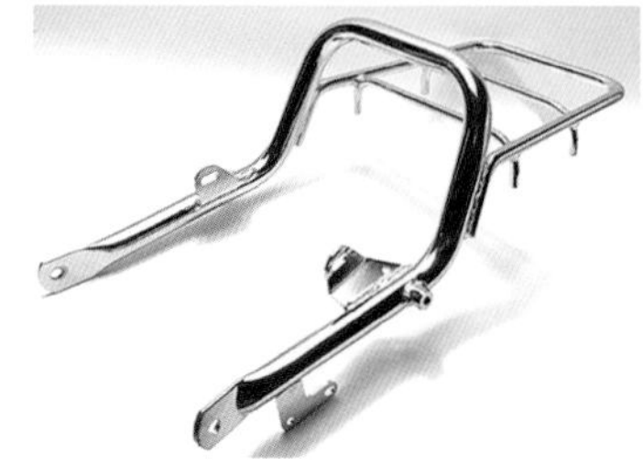

リアキャリア

タンデム時の荷物の積載を可能にしたリアキャリア。荷掛けロープの効果的なセットを考慮した形状がポイント。350S不可

アルキャンハンズ　¥19,250

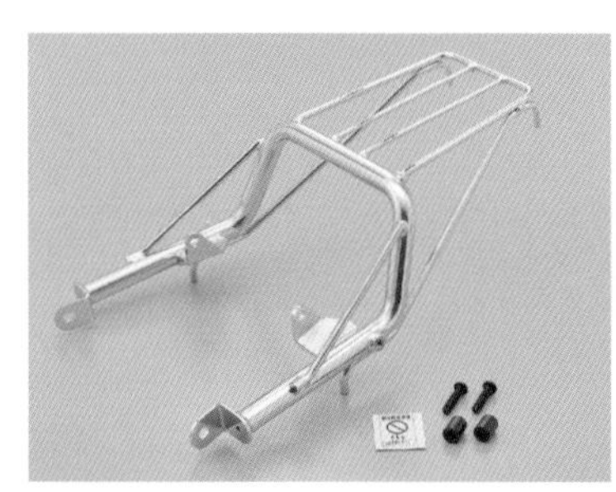

クラシックキャリア

ボディラインに沿ったクラシカルなデザインの350専用キャリア。シート座面と荷台がフラットなので長い荷物や大きなバッグが安定して積める。最大積載量4kg, クロームメッキとマットブラック有

デイトナ　¥23,650

マルチウイングキャリア

350Sに対応するスタイリッシュなキャリア。32L以下のGIVIモノブロックケースを取り付けできる。最大積載量は4kg

デイトナ　¥20,900

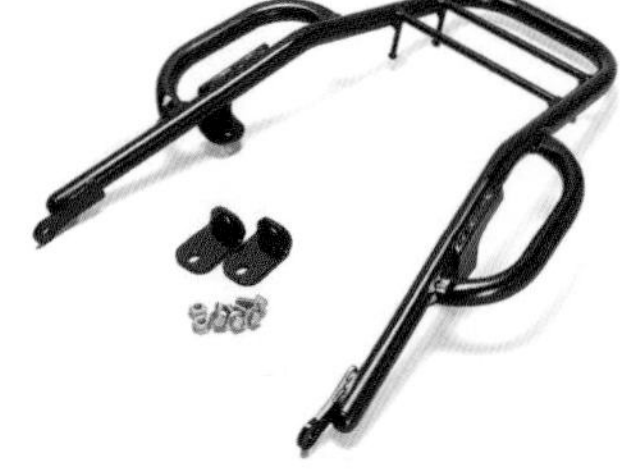

タンデムグリップ付きリアキャリア

タンデム時も便利なグリップが付いたリアキャリア。テストを繰り返した堅牢な構造が自慢。最大積載量は8kg。リアボックスとのセットもあり(¥29,480/32,780)。350専用

エンデュランス　¥19,800

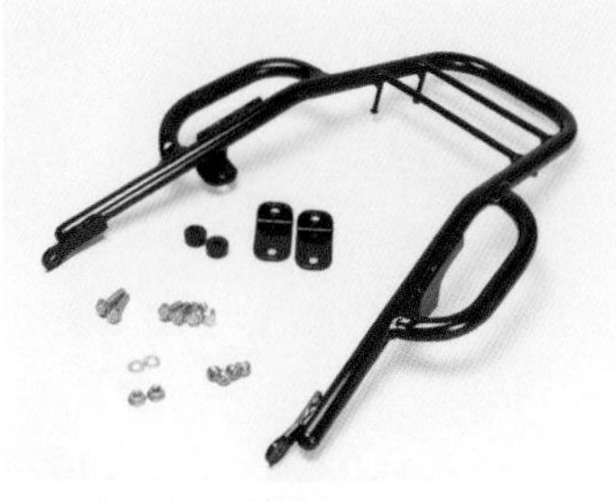

タンデムグリップ付きリアキャリア

タンデムや車両の取り回しに便利なタンデムグリップが付いた350S用のリアキャリア。車両メーカー同様の応力測定を実施し、安心の強度を誇る。最大積載量8kg

エンデュランス　¥21,780

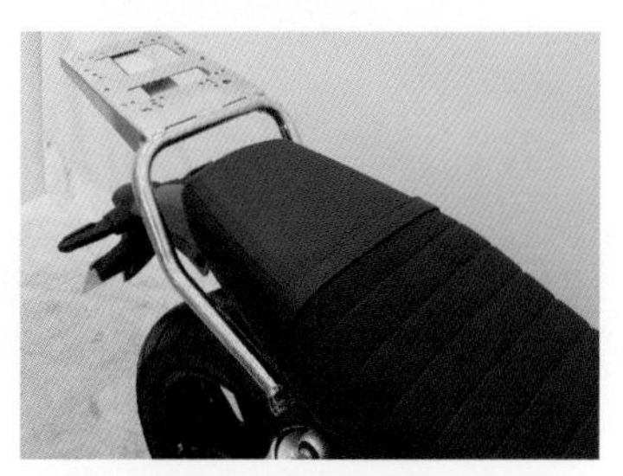

リアボックス用ベースブラケット付きタンデムバー

好みのリアボックスを取り付けられるブラケットが一体化したタンデムバー

ウィルズウィン　¥20,900

SHAD製リアボックス付きタンデムバー

SHAD製リアボックスとそのマウントを備えたタンデムバーのセット。タンデム時の積載性を大きくアップできるアイテム

ウィルズウィン　¥28,050

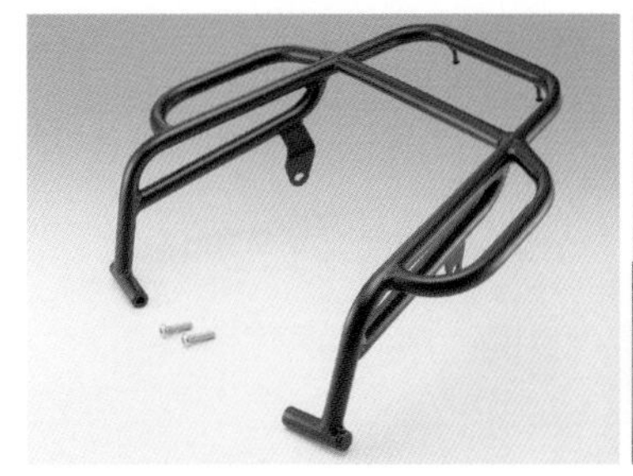

アシストキャリア

シート上部へ荷物を固定するためのサポートアイテム。スチール製マットブラック仕上げで、荷掛けフックを2ヵ所設置している。350S専用品

キジマ　¥22,000

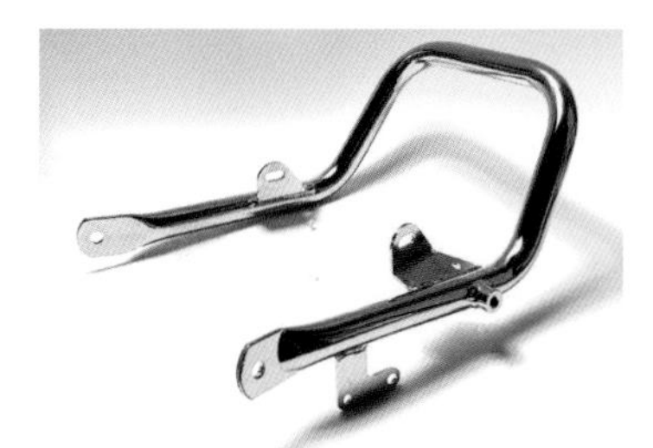

GB350用タンデムバー

二人乗りやツーリング時での乗りやすさを追求。バイクの取り回しも考えた設計で純正ヘルメットロックが流用できる。350S不可

アルキャンハンズ　¥10,780

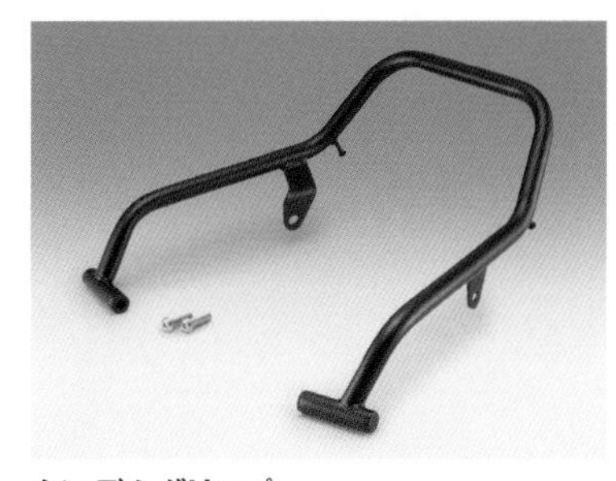

タンデムグリップ

タンデム時、パッセンジャーに安心感を与えるだけでなく、タンデムシートへ荷物を積みやすくするのに役立つアイテム。スチール製マットブラック仕上げ。350S専用

キジマ　¥14,630

グラブバー

車体の取り回しにも便利な350S専用のグラブバー。素材はスチールで、パイプ径はΦ22.2mmとなる。ボルトオン設計、ブラック塗装仕上げ

キタコ　¥13,200

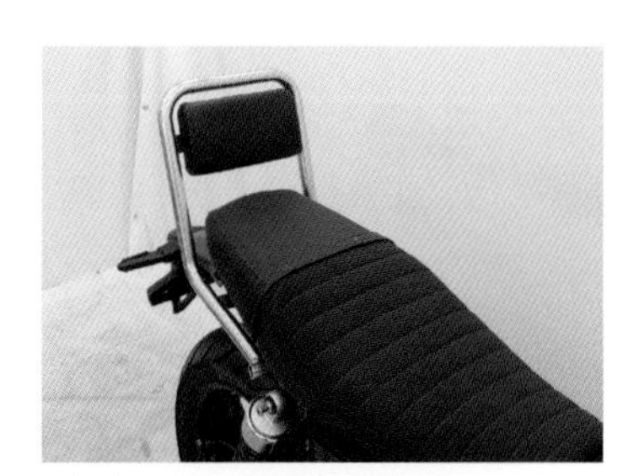

バックレスト付きタンデムバー

安心、安全にタンデムランを楽しめるバックレスト付きのタンデムバー。子供から大人までタンデムを快適にサポートする

ウィルズウィン　¥22,000

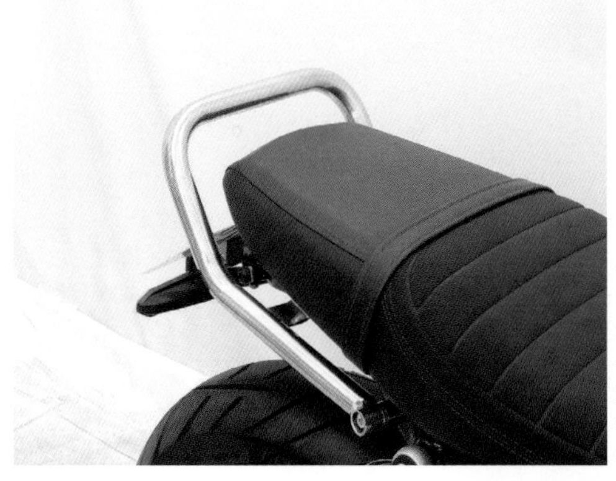

グラブバー
Φ 25mmの極太パイプを使ったグラブバー。パッセンジャーが握りやすく力を入れやすいので安全性も高い。350S用
ウィルズウィン ¥18,700

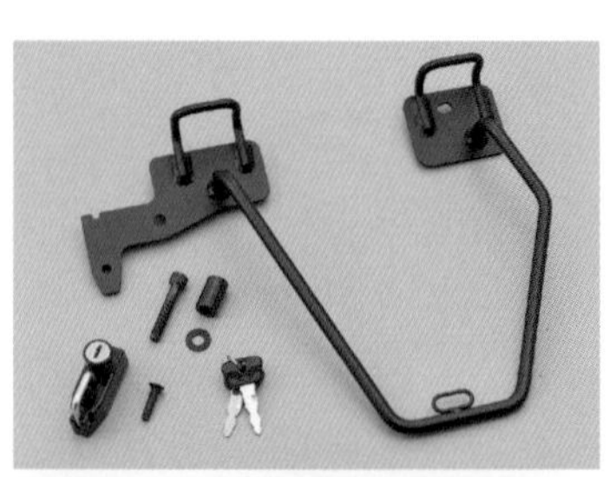

サドルバッグサポート(ベルトループ一体型)左側専用
ベルト掛け一体構造でバッグハンガー不要としたサドルバッグサポート。350対応の左側用で、ヘルメットホルダーが付属する
デイトナ ¥13,750

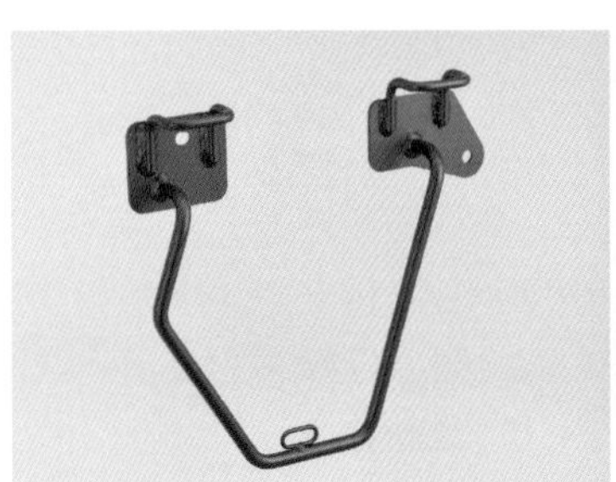

サドルバッグサポート(ベルトループ一体型) 右側専用
ベルトピッチ190mm前後のバッグに対応したサポートで、350の右側用。スチール製マットブラック塗装仕上げで、最大積載量5kg、推奨バッグサイズは～ 9L(高さ200mm以下)
デイトナ ¥11,550

サドルバッグサポート 左側専用 GB350S
バッグを吊り下げるベルト掛けを一体化し、バッグハンガーを不要とした。ヘルメットホルダー付きでサイドバッグ装着時でもヘルメットを掛けられる。350Sの左側用。推奨バッグ容量～12L
デイトナ ¥14,080

サドルバッグサポート 右側専用
350S右側用となるサドルバッグサポート。ベルトピッチ200mm前後のバッグに最適。スチール製マットブラック塗装仕上げ
デイトナ ¥11,880

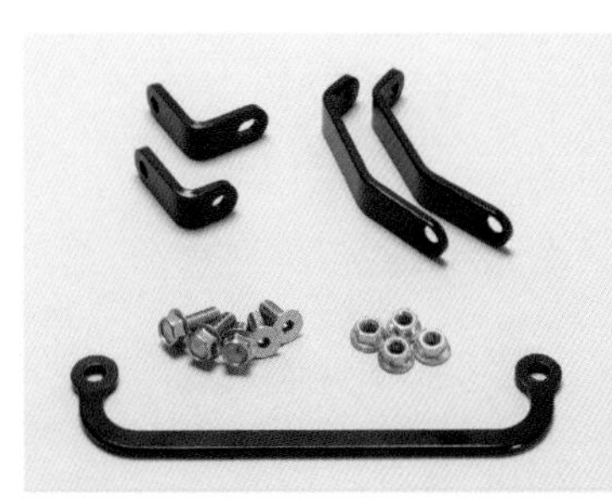

サドルバックサポート
分割構造とすることで、左右どちらにも使えるようにしたサドルバッグサポート。使用するサドルバッグの総重量は5kgまでとなる。同社製リアキャリアとの併用可能
エンデュランス ¥9,900

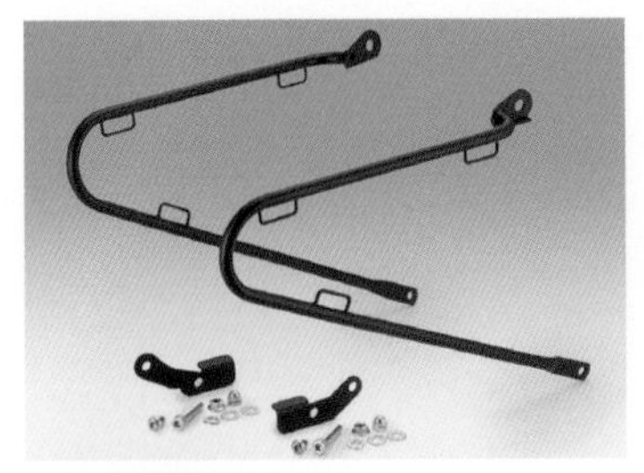

バッグサポート

サイドバッグの巻き込みを防止するだけでなく、きれいに取り付けできるサポート。バッグ取り外し時の違和感も無い。左右別売

キジマ ¥10,120

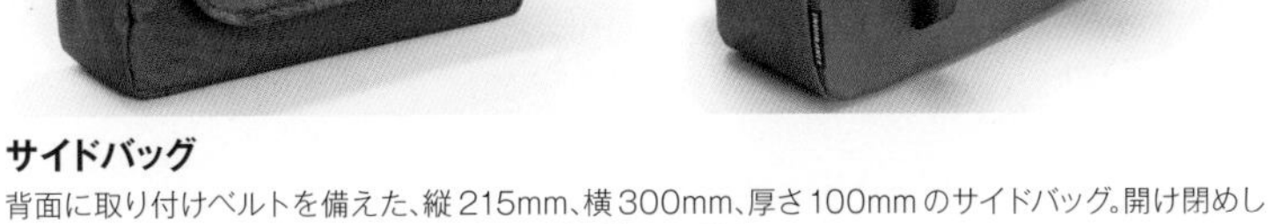

サイドバッグ

背面に取り付けベルトを備えた、縦215mm、横300mm、厚さ100mmのサイドバッグ。開け閉めしやすいダブルファスナー使用で、使いやすい内ポケット付き

エンデュランス ¥3,960

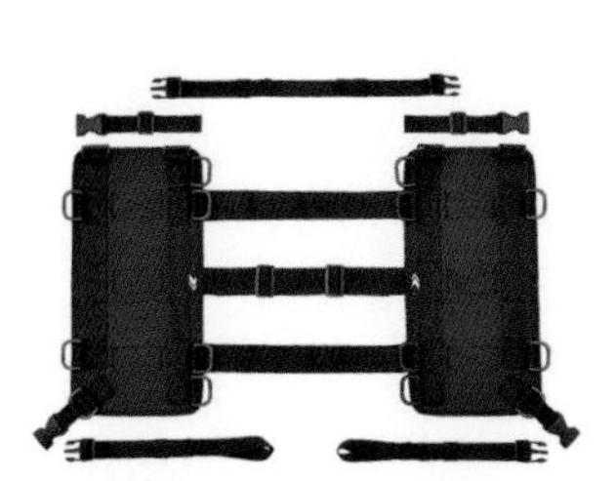

DFG サイドバッグベース オンロードタイプ

DFGモジュールモトバック7.5/15をサイドバッグとして使うための専用アタッチメント。工具なしに簡単に取り付けできる

ダートフリーク ¥13,200

アシストグリップ 左側

純正グラブバーを外すカスタムをした時に使いたい左側用アシストグリップ。350用でスチール製、つや消し黒塗装仕上げ

デイトナ ¥5,280

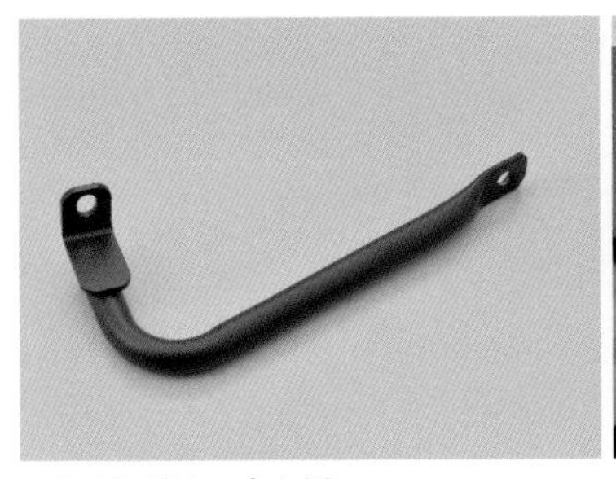

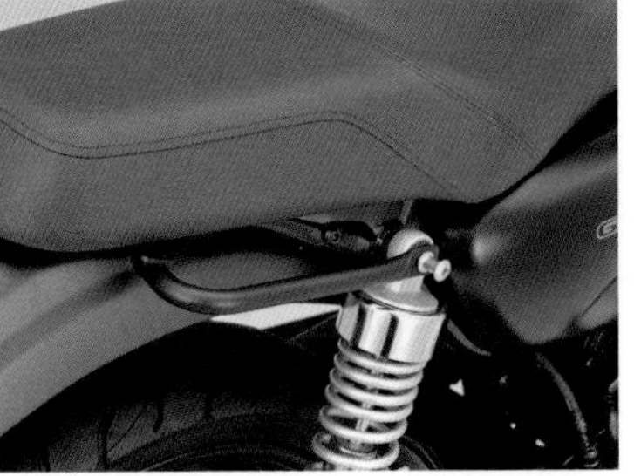

アシストグリップ 右側

シート交換などで純正グラブバーを外した時に代わりに付けたいアシストグリップ。タンデム時や取り回しに便利。350専用の右側用でスチール製のパイプはΦ15.9mmサイズとなる

デイトナ ¥5,280

DFG モジュール モトパック15

少し多めの荷物に最適な15Lサイズの防水ツーリグバッグ。積載ベルトキットが2本付属する

ダートフリーク ¥13,200

ロッドホルダー TYPE Ⅳ リアステップ用

釣り竿を安定して積むことができるホルダーで竿グリップ径30mmまでに対応。リアステップ軸に共締めして取り付ける

ハリケーン ¥7,480

Seat
シート

乗り心地やスタイルに大きな影響があるシート。使い勝手が大きく変わるだけに、各製品の特徴をしっかり把握し最適な品をチョイスしたい。

ローダウンキャメルシート for GB350

旧車などに用いられるシートをアップデートした350専用シート。コブの効果で下半身をしっかり固定できる。座面をやや下げサイドの出っ張りを抑えることで足つき性も向上する

GOODS ¥39,380

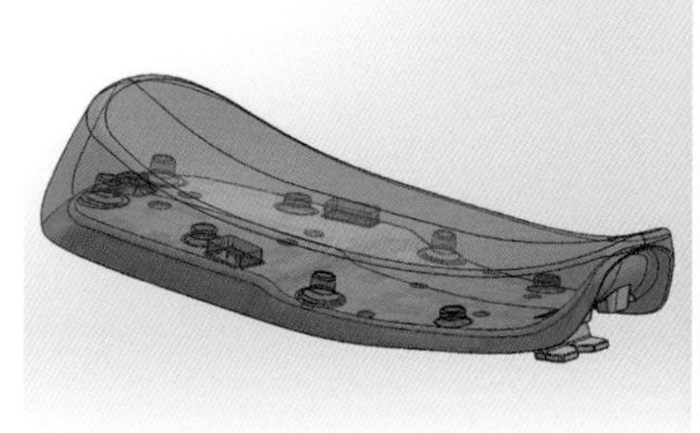

ローダウンナローダブルシート for GB350

座面を約10mm下げローダウンさせた350専用設計のシート。太ももが当たるサイドの出っ張りを抑え最大幅で約40mmナローとしているので足つき性が向上。ライディングポジションの自由度も高い

GOODS ¥39,380

GB350ダブルシート Aステッチ

純正シート比1cm座面が高くなるが、内ももが当たる部分の形状を工夫し純正同等の足つきを確保。乗り心地に優れたシート

K&H ¥60,500

GB350ダブルシートAパイピング

着座位置を高くし車体操作をしやすくしつつお尻への負担を軽減。タンク側まで伸びるステッチ部にパイピングを配している

K&H ¥61,600

GB350ダブルシートB ステッチ

プレーンブラックのレザーを縫い合わせるステッチが弧を描いて途中で落ちるBステッチを採用したダブルシート

K&H ¥60,500

GB350ダブルシートBパイピング

縫い合わせ部に白いパイピングを使い、より存在感を出したダブルシート。パッセンジャー側シートベース下にはスペースを確保してある

K&H ¥61,600

GB350ダブルシートB中抜きタック

座面中央をタックロールとしたダブルシート。座面が水平に近く前後に広いのでポジションの自由度が高い

K&H ¥69,300

GB350シングルシートAステッチ

カフェレーサースタイルを付け加えてくれるシングルシートで、シート後方の膨らみ部分のシート下にスペースを確保し実用性もアップ

K&H ¥61,600

GB350シングルシートA2パラレルステッチ

シートベースから専用設計したシートでボルトオン装着可能。後部に縦2本のステッチラインが入るのが特徴

K&H ¥62,700

GB350ローシートAステッチ

純正から1cm座面を低くしつつも工夫された形状で内ももへの違和感は無し。クッション性が良く経年変化も少ない

K&H ¥60,500

GB350ローシートAパイピング

タンクまで伸びる縫い合わせラインに白パイピングを合わせたローシート。セミオーダーでレザーカラー変更等が可能

K&H ¥61,600

GB350ローシートBステッチ

型の中で発泡させたスポンジを使い、純正比1cmダウンながら乗り心地を確保。ポジションの自由度が高くなるよう設計されている

K&H ¥60,500

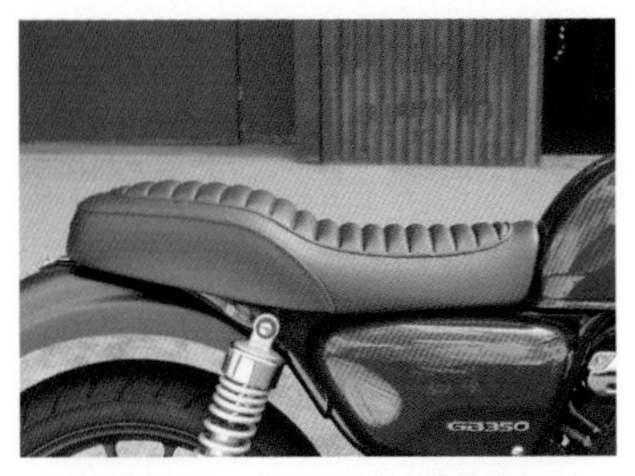

GB350ローシートBステッチ中抜きタック

座面中央部にタックロールを配置し、よりカスタム感を高めたローシート。パッセンジャーシートベース下には小スペースを設けている

K&H ¥69,300

GB350ローシートBパイピング

パイピングのラインが弧を描いて中央で落ちるBステッチ採用のローシート。プラス¥1,100でブラックステーも選べる

K&H ¥61,600

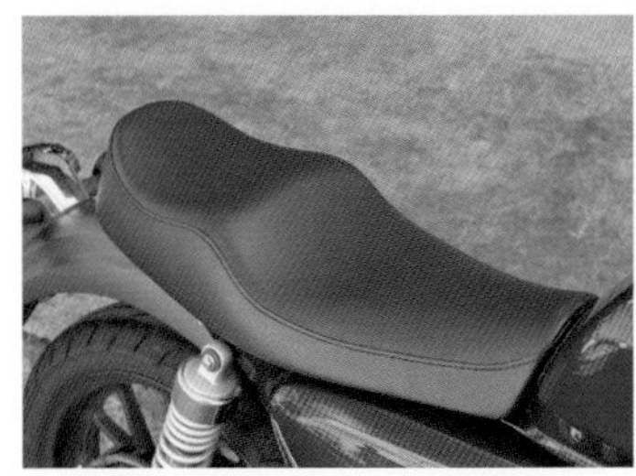

GB350段付きシートAステッチ

前後の段付きデザインがカスタム心をくすぐるシート。縫い合わせラインがタンクまで伸びるAステッチを採用したシート

K&H ¥61,600

GB350段付きシートAパイピング

ライダー部が純正比1cm低く設定されたシート。縫い合わせ部に配置されたパイピングもあり存在感あふれるデザインとなっている

K&H ¥61,600

GB350段付きシートBステッチ

段付きデザインを強調する、中央で落ちるBステッチ採用のシート。ガタ無く取り付けられる精度の高さも自慢だ

K&H ¥60,500

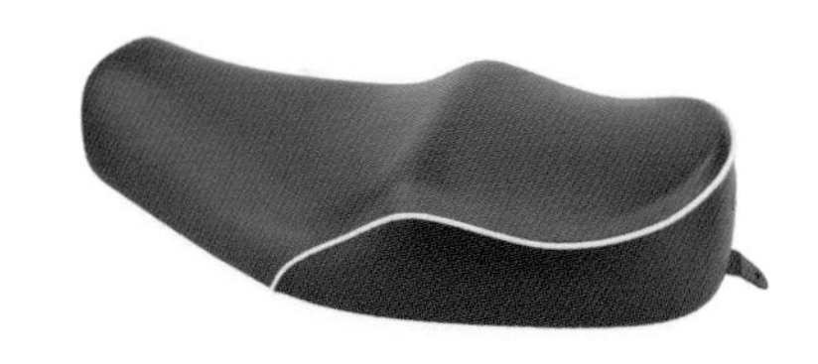

GB350段付きシートBパイピング

ステッチ仕上げよりシートの造形が一層アピールされるパイピング仕様の段付きシート。乗り心地への配慮も万全

K&H ¥61,600

GB350S ローシート Aステッチ

1cm座面を下げ足つき性をアップ。座面が水平に近く前後に広いので、ポジションを自由に決められるのもポイントだ

K&H ¥60,500

GB350S ローシート Bステッチ

ステッチが途中で落ちるBステッチ採用のローシート。パッセンジャー側シートベース下にETCを収められるスペースを確保する

K&H ¥60,500

GB350S ミディアムシートAステッチ

純正に比べ1cm座面を高く設定。足を外す時に当たる部分の形状を工夫しているので内ももへの圧迫感が少なく違和感が無い

K&H ¥60,500

GB350S ミディアムシート Bステッチ

ステッチラインが途中で下に落ちるBステッチのミディアムシート。オプション設定のタンデムベルトも取付可能

K&H ¥60,500

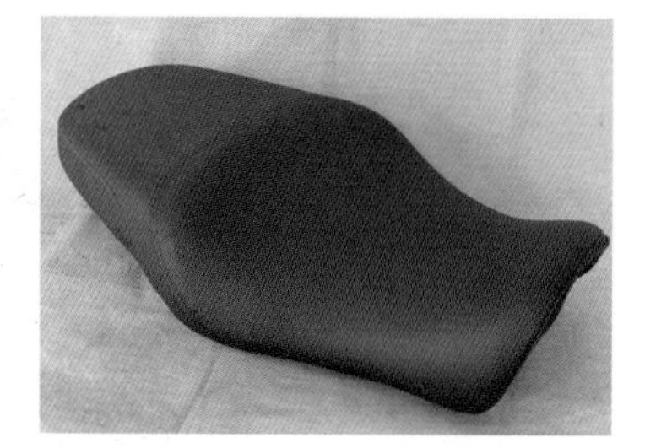

Rikizoh GB350 ローシート Assy

乗り心地を変えることなく座面高を25mm低減。内股加工もあり足つき性を向上する。ローシート加工(¥21,200)も受付中

ぱわあくらふと ¥45,200

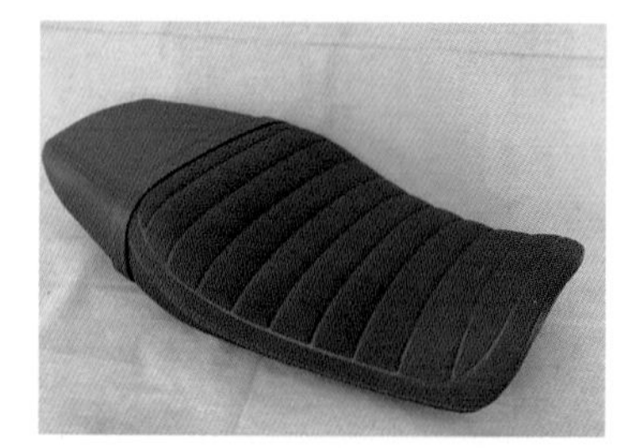

Rikizoh GB350S ローシート Assy

純正シートレザーを使いつつスポンジ素材と形状を変え乗り心地を保ちつつ足つき性を改善。シートを送付しての加工(¥23,400)も可

ぱわあくらふと ¥47,000

153GARAGE シングルシートカバー

純正シートに被せるだけでシングルシートに変えられるFRP製のカバー。純正オプションのサドルバッグステー対応。黒ゲル仕上げと黒塗装仕上げあり。要構造変更申請、～'22の350S用

アクティブ ¥49,500/79,200

GB350S シングルシートカバー

350S純正シートにボルトオン装着できるFRP製シングルシートカバー。黒ゲルコート仕上げと塗装仕上げあり

ファニーズカスタムサービス ¥41,800～94,600

Screen・Cowl
スクリーン・カウル

走行時に体に当たる風は、心地いい一方で疲労の原因になる。そんな走行風を防ぎスタイル面の変化を楽しめるアイテムを紹介していく。

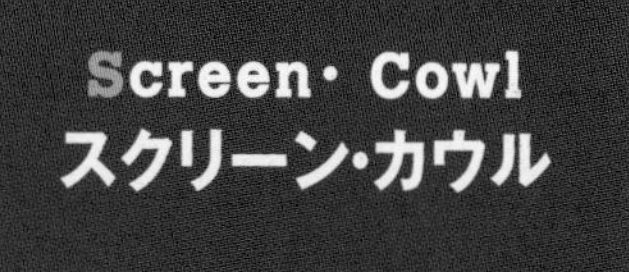

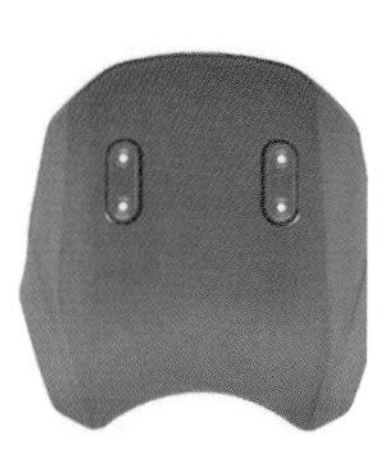

ZETA エクスプローラーウィンドシールド GB350/S用ショートタイプ

モバイル機器取り付けに便利なマウントバーを標準装備したボルトオンウインドシールド。シールドの傾斜角と高さを無段階に調整できる。スタンダードシールド仕様もあり(¥27,940)

ダートフリーク ¥27,500

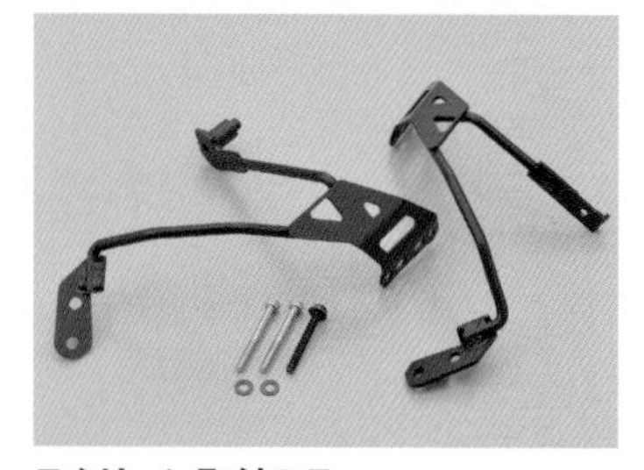

スクリーン取付ステー

同社のエアロバイザー、ブラストバリアー、ブラストバリアーXが取り付けられる専用ステー。同社製タコメーターキットと同時装着可

デイトナ ¥15,950

ブラストバリアースクリーン

縦305mm、横360mmサイズで快適にツーリングや街乗りができるスクリーン。クリアとスモークあり。要取り付けステー

デイトナ ¥13,750

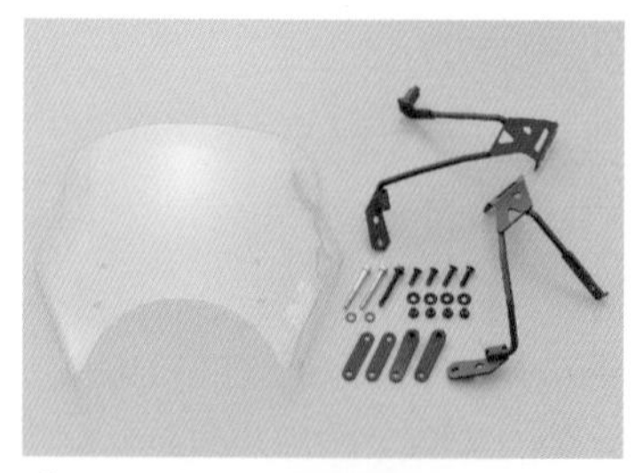

ブラストバリアー車種別キット

ブラストバリアースクリーンと車種別取り付けステーがセットになったボルトオンキット。スクリーンはスモークもある

デイトナ ¥29,700

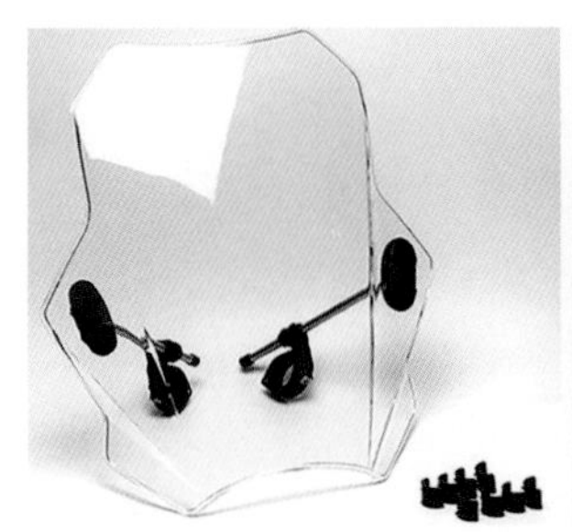

汎用スクリーン　ハンドルクランプタイプ

車体デザインを損なうこと無く一体感のある形状で高い防風効果を得られるスクリーン。ハンドルクランプタイプで、スクリーンサイズは縦横約39cm

アルキャンハンズ　¥13,200

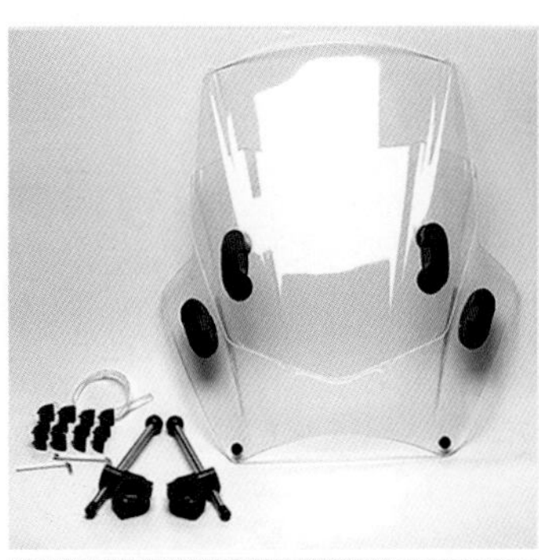

汎用スクリーン ハンドルクランプタイプ 可変調整付

縦サイズが44～48cmに可変するハンドルクランプタイプのスクリーン。走行風によるライダーの疲労を軽減する

アルキャンハンズ　¥16,500

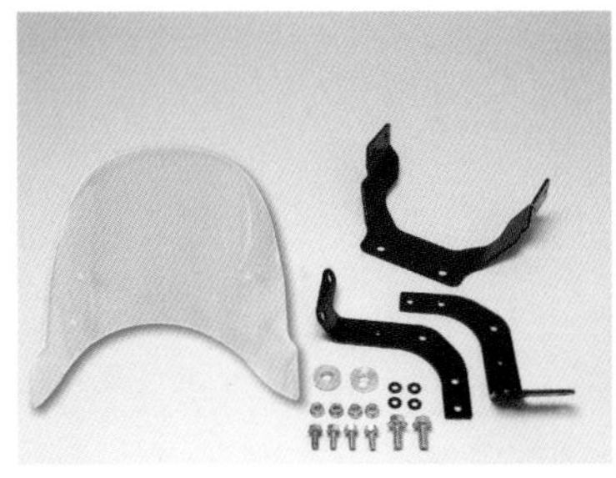

メーターバイザーセット+取り付けキット

愛車にカフェレーサーの雰囲気を付け加えるメーターバイザーとその取付ステーセット。バイザーはスモークとクリアがあり、サイズは縦245mmとなっている

エンデュランス　¥9,900

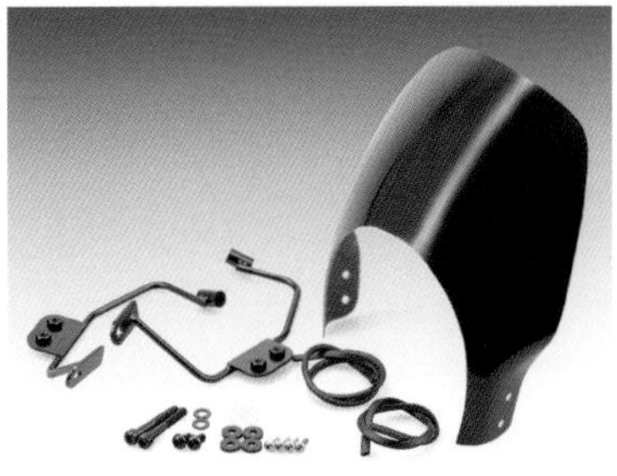

ビキニタイプカウル KIT

風防効果とカフェレーサー風のクラシカルなスタイル獲得効果があるキット。FRP製黒ゲルコート仕上げのカウルをスチール製ブラック塗装仕上げのステーでマウントする

キジマ　¥20,900

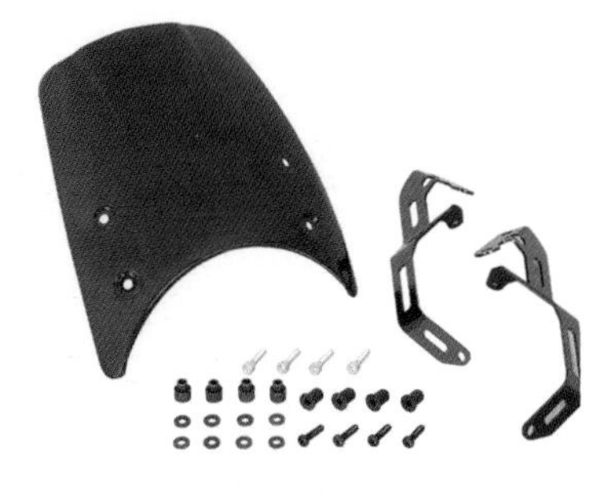

エアロバイザー（ダークスモークタイプ）

縦横約190mmx210mmのポリカーボネイト製スクリーンを使った小型バイザー。350S専用、ボルトオン

キタコ　¥9,900

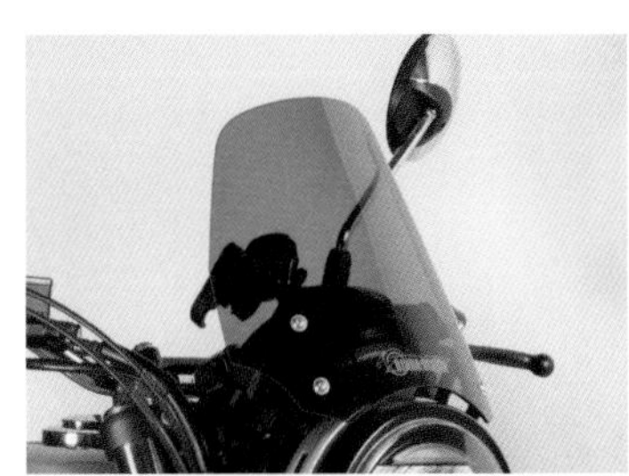

バイザースクリーン

全長240mm、全幅245mmのアクリル製スクリーンを使ったキット。スクリーンカラーはクリアとスモークあり

リーファトレーディング　¥27,500

メーターバイザー

職人が1つずつ手作りしたアルミヘアライン仕上げのメーターバイザー。取付ブラケットはステンレス製。350S用でステッカー同梱

マジカルレーシング　¥20,350

メーターバイザー

350S用のコンパクトなメーターバイザーで、本体はアルミ製。マットブラック仕上げなので車体へのマッチングが抜群だ

マジカルレーシング　¥20,900

GB350/350S ビキニカウル

最高のクオリティを誇るアクリポイント社スクリーン(クリアとスモーク)を用いたFRPビキニカウル。350用と350S用がある。黒ゲールコート仕上げと純正色を始めとした塗装仕上げがある

ファニーズカスタムサービス　¥46,200～99,000

GB350 アルミビキニカウルセット

1.5mm厚のシートメタルを板金加工して作ったビキニカウル。スクリーンはクリアとスモークあり。350用でペイント仕上げは¥16,500プラス

WM　¥60,500/61,600

GB350S アルミビキニカウルセット

専用の取り付け用ステーが付いたハンドメイド板金で作られたビキニカウル。スクリーンはクリアもあり。アルミ地仕上げ

WM　¥60,500/61,600

φ60タコメーター装着キット

同社製アルミビキニカウルとデイトナ製Φ60タコメーターを同時装着するためのブラケットとウェルナットのセット

WM　¥1,320

Exterior 外装パーツ

カスタムを視覚的に実感しやすいジャンルといえば外装系だ。組み合わせ次第で個性を発揮できるので、相性に注意しつつ選びたい。

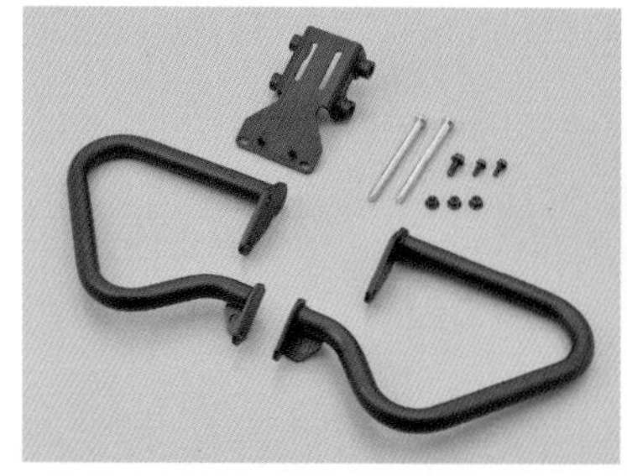

パイプエンジンガード Lower

Φ25.4mmの高張力鋼管を採用した強固なエンジンガード。立ちごけ等の軽度な転倒から車体を保護。'23モデルの350S以外に適合。下記Upperとの併用不可

デイトナ　¥33,000

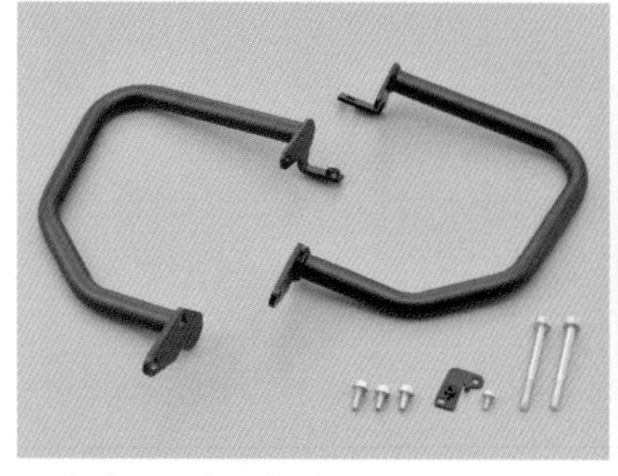

パイプエンジンガード Upper

ボルトオン装着できるスチールパイプ製エンジンガード。ワイドな純正ガソリンタンクを保護する幅広設計で立ちごけ等の軽度の転倒時に車体や体のダメージを軽減。'23モデルの350S以外に適合

デイトナ　¥33,000

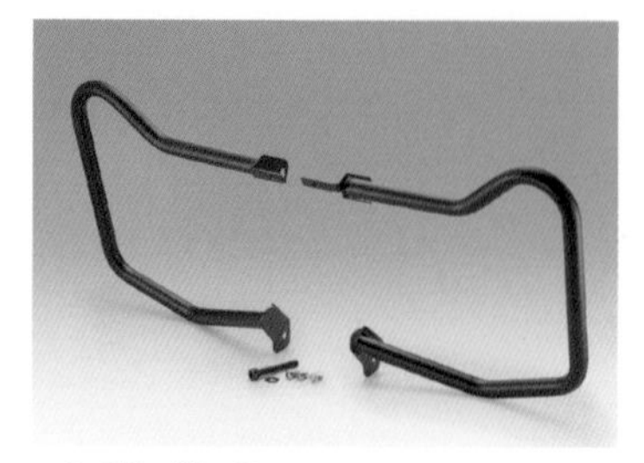

エンジンガード

デザインだけでなく、転倒時のダメージ最小化のため確認を繰り返して開発。Φ25.4mmのパイプを使いクラシカルなフォルムとした

キジマ　¥24,200

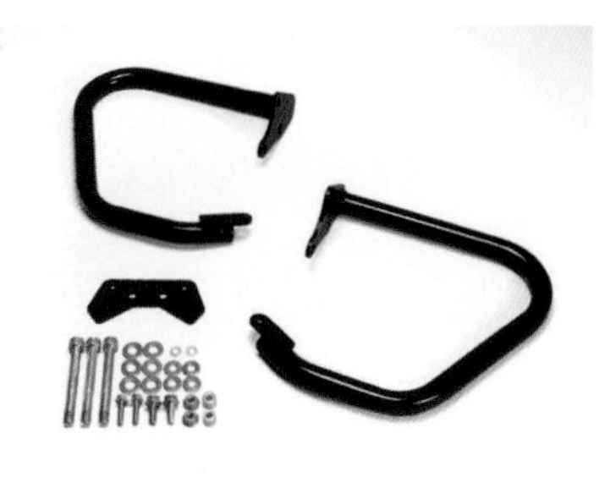

エンジンガード

スチール製電着＋粉体2層黒塗装としたΦ 25.4mmパイプを使ったエンジンガードで、立ちごけ等の軽度な転倒におけるダメージを軽減。トラディショナルなデザインもアピールポイントだ

エンデュランス ¥19,800

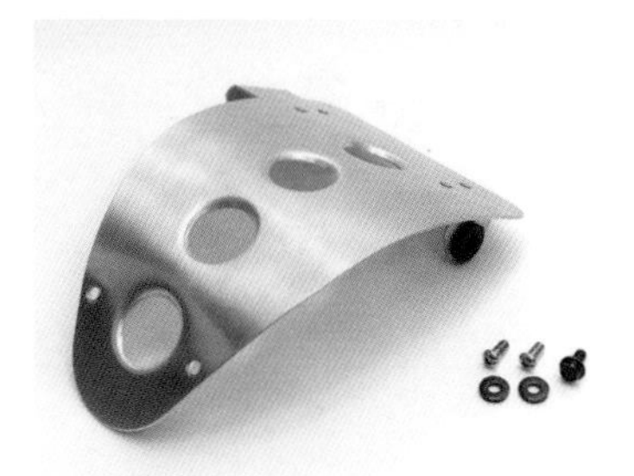

153GARAGE スキッドプレート

エンジン下部を飛び石等からガードする、カフェレーサーカスタムでも注目が集まるアイテム。アルミ製シルバーアルマイト仕上げ。～ '22までの350不可

アクティブ ¥15,400

エンジンガード

万一の転倒時にエンジンの損傷を軽減させる、Φ25.4mm スチールパイプを使ったエンジンガード。ボルトオン、ブラック塗装仕上げ

キタコ ¥16,500

ZETA エンジンプロテクションアンダーガード GB350/S用

アルミ製3.2mm厚のアンダーガードで、飛び石などからエンジンやダウンチューブを保護。オイル交換用ドレンホールがあり整備性にも優れる

ダートフリーク ¥20,035

アンダーガード

全年式の350Sと'23年モデルの350に対応したアルミ製アンダーガード。プレス一体成形で、補修しやすいようあえて表面加工は無し

TSR ¥25,300

チェーンガード

外車のクラシック系カスタムを思わせるデザインが魅力のチェーンガード。ステンレス製でシルバーの光輝く仕上げが目を引く

マジカルレーシング ¥23,100

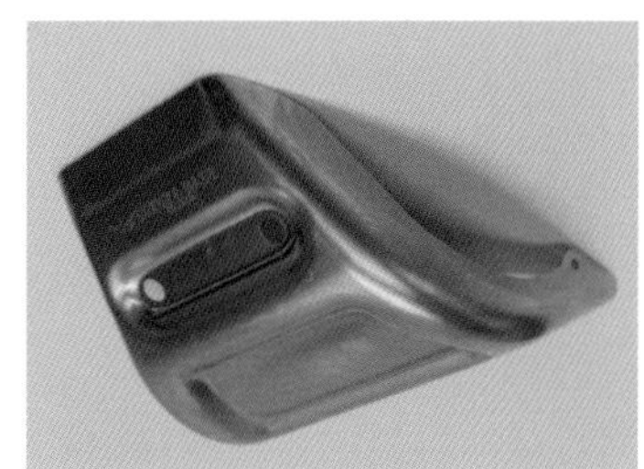

アンダーガード

金型を起こしアルミ材をプレス成形することで質感と強度の両立を達成。さり気なくマッチするデザインも特徴。350は '23モデルから対応

スズカベース ¥25,300

チェーンガード

そのデザインとマットブラックの仕上げがクラシックカスタム感を生み出すチェーンガード。耐久性のあるステンレスを素材にしている

マジカルレーシング　¥23,100

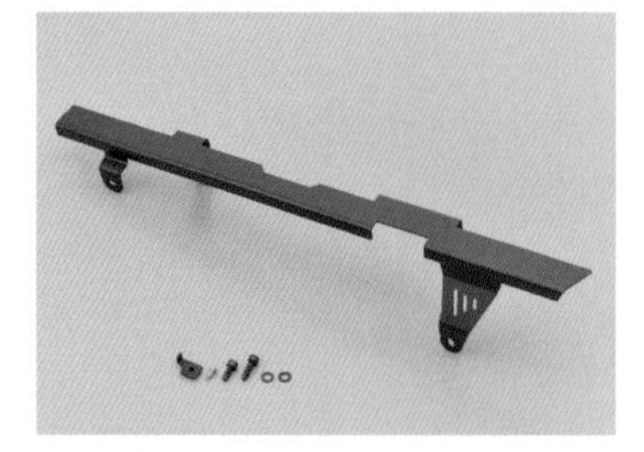

チェーンガード

コンパクトな設計で軽快感を意識したチェーンガード。ステンレス製でバフ仕上げとマットブラック塗装仕上げあり

デイトナ　¥15,400/17,600

チェーンガード

プレス金型で鋼板を成形することでノーマルの樹脂にない重厚な質感を実現。カチオン塗装仕上げの黒とメッキが用意される

スズカベース　¥8,600/13,000

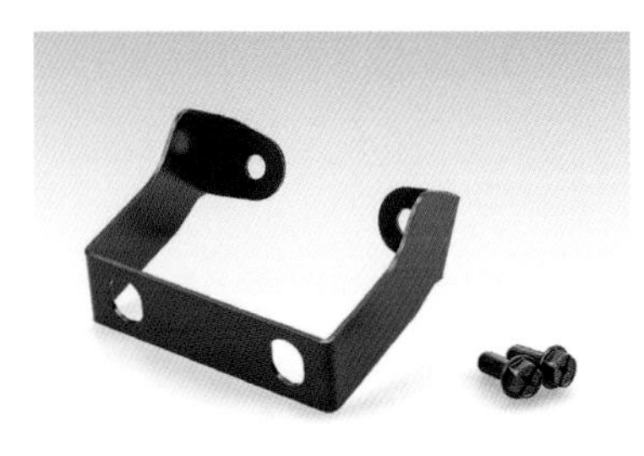

エンブレムステー

別売となるホンダ純正ロゴセットSまたは同Lをヘッドライト下にマウントするためのステー。スチール製ブラック仕上げとなる

キジマ　¥2,860

フロントエンブレム KIT

クラシック感をより演出する、メーカーエンブレムをヘッドライト下部に装着するキット。ステーはスチール製。ボルトオン設計

キタコ　¥8,800

オイルフィルターカバー

クランクケースカバー部にあるオイルフィルターをドレスアップ。空冷エンジンにマッチするフィン付きデザイン。アルミ削り出しアルマイト仕上げ、Oリング付属

キタコ　¥6,600

オイルフィルターカバー

エンジンのフォルムにマッチするフィンが刻まれたオイルフィルターカバー。アルミ製ブラックアルマイト仕上げで、モリワキのロゴが刻まれている

モリワキエンジニアリング　¥13,750

ドレスアップエンジンカバーセット

装着することで高級感を一気に向上させるコントラストカットされたアルミ削り出しのカバー。左右セット

キジマ　¥41,800

クランクケースカバー LH

エンジンを引き締めるブラックアルマイト仕上げのクランクケースカバー。表面のフィン加工がクラシカルさを演出する

モリワキエンジニアリング　¥13,750

クランクケースカバー RH

純正のメッキから変更することで、シックでソリッドな印象が得られる右側用のクランクケースカバー。アルミニウム製アルマイト仕上げ

モリワキエンジニアリング　¥13,750

エンジンケースガードKIT クランクケースカバー LH

ドレスアップ効果を高めながら転倒時のエンジンの破損、オイル漏れのリスクを低減する。こちらは左用で3ピース構造となる

ヨシムラジャパン　¥17,600

エンジンケースガードKIT クランクケースカバー RH

アルミ削り出しのベースプレート。ステンレス、およびブラックアルマイトプレートで構成される右側用クランクケースカバー

ヨシムラジャパン　¥17,600

ZETA プロテクションナンバープレートホルダー

振動や衝撃によるナンバープレートの破損を防ぐホルダー。強化樹脂を素材とすることで、高い強度と軽さを両立している

ダートフリーク　¥2,420

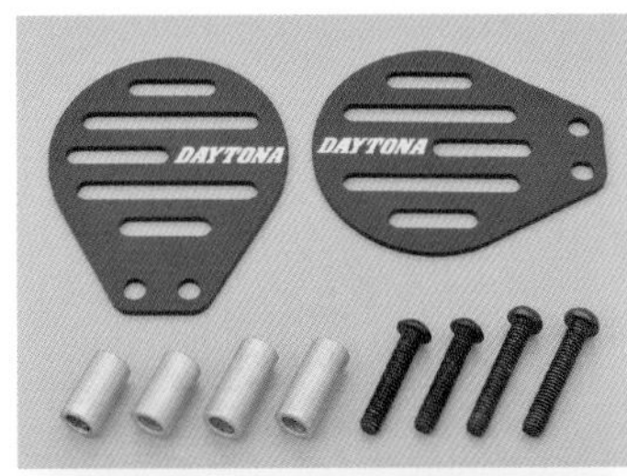

スロットルボディカバー

スロット入り形状で吸気系にカスタム感をプラスするアイテム。左右セット、スチール製静電塗装つや消し黒仕上げ

デイトナ　¥5,280

フレームホールプラグ ブラック

ノーマルと交換することでさりげないワンポイントを車体に加えることができるアイテム。アルミ製ブラックアルマイト仕上げで、重量は48gとなる

モリワキエンジニアリング　¥6,600

ホーンガード Aタイプ

味気ないデザインのノーマルホーンをアピールポイントに変えるモリワキロゴをかたどったホーンガード。カラーはシルバーとブラック

モリワキエンジニアリング　¥4,290/5,390

Fender フェンダー

泥はねや水はねを防止する機能パーツである一方、スタイルへの影響も大きいフェンダー。多彩に揃うので好みに合うものを見つけよう。

フロントフェンダー・ショート

ショートスタイルながらノーマルスタイルにマッチするマット仕上げとした、アルミ製のフロントフェンダー

マジカルレーシング　¥23,100

フロントフェンダー・ショート

クラシックな雰囲気をより高めてくれるヘアライン仕上げがポイントのショートフェンダー。職人が1つ1つ手作りする温かみのある1品

マジカルレーシング　¥22,000

フロントフェンダータイプ A

エンド部がキュッと上がった独特なデザインとしたショートフェンダー。人と同じが嫌ならこれを選んでみたらどうだろうか

オスカー　¥9,900

フロントアルミショートフェンダー

フロント周りをより軽快なイメージにしてくれるショートフェンダー。本体はアルミ製でステーは FRP 製黒ゲルコート仕上げとなる

オスカー　¥14,740

フロントアルミフェンダー

シンプルでソリッドなデザインのフロントフェンダー。質の高いアルミ製で、マウント部はFRPで製作されている

オスカー　¥20,900

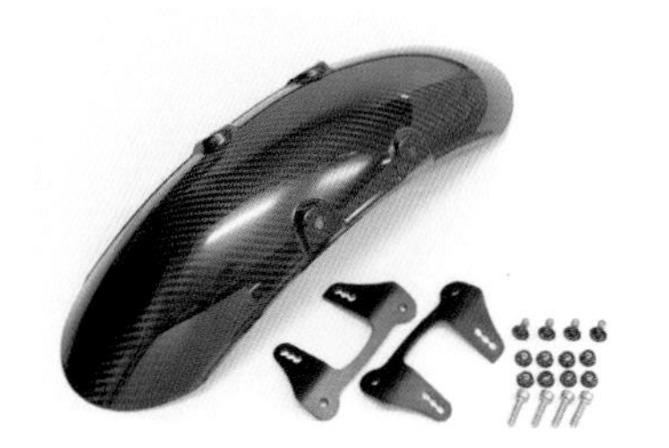

NEXRAY フロントフェンダー

世界最高峰のレースで使われるドライカーボンを採用したフロントフェンダー。セミグロス仕上げとスモークブラック仕上げ。～'22モデル用

アクティブ　¥33,000/36,300

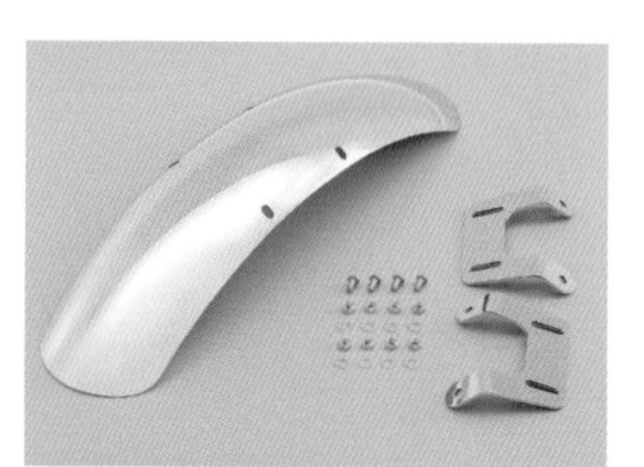

ステンレスショートフェンダー フロント

ミニマルサイズのフラットフェンダーが軽快なイメージを創出。取り付け位置を上下に20mm調整でき、ハイトの高いタイヤにも対応する

デイトナ　¥20,900

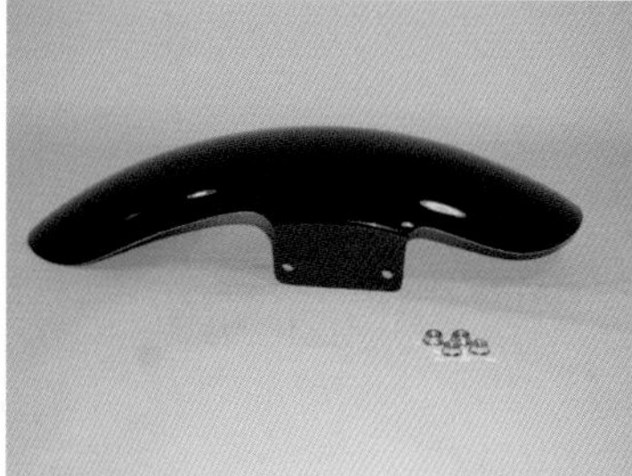

GB350/350S ショートフェンダー

純正フェンダーから変えることでシンプルでスポーティなフォルムにするフロントフェンダー。FRP製で黒ゲルコート仕上げと純正色（2色）仕上げが選べる

ファニーズカスタムサービス　¥16,500/49,500

GB350クラシックフェンダー前後セット

350をよりクラシックで重厚なスタイルに仕上げる前後フェンダーセット。取り付けボルト・ナット、リアフェンダー配線カバー、ナンバープレートブラケット付き。黒ゲルコート仕上げと塗装仕上げあり

ファニーズカスタムサービス　¥66,000/132,000

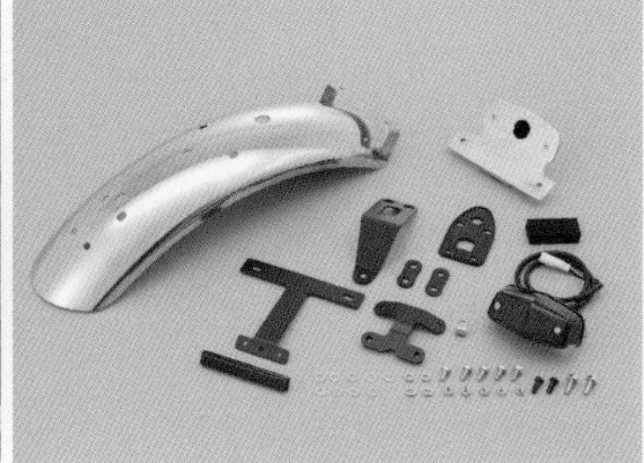

ステンレスショートフェンダー リア（ルーカステールランプ付き）

ルーカステールランプが付属した、ステンレス製リアフェンダー。350用でスリムタイプのリフレクター、ライセンスプレートステーも付属する

デイトナ　¥45,100

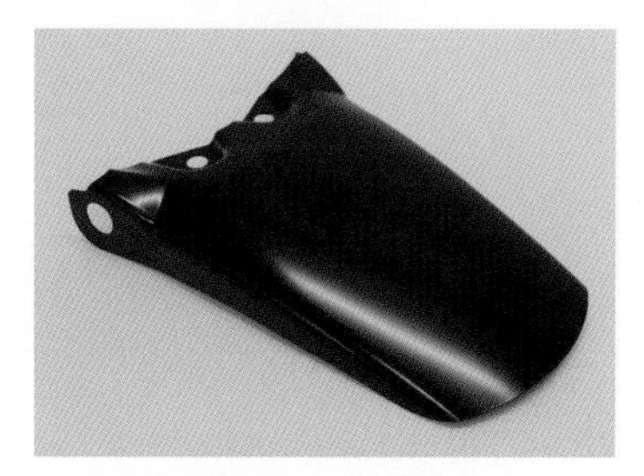

GB350S用リヤフェンダー

ノーマルの樹脂製からこのプレス成形された鋼板製とすることで重厚さをアップ。ブラック塗装仕上げとメッキ仕上げあり

スズカベース　¥8,600/12,000

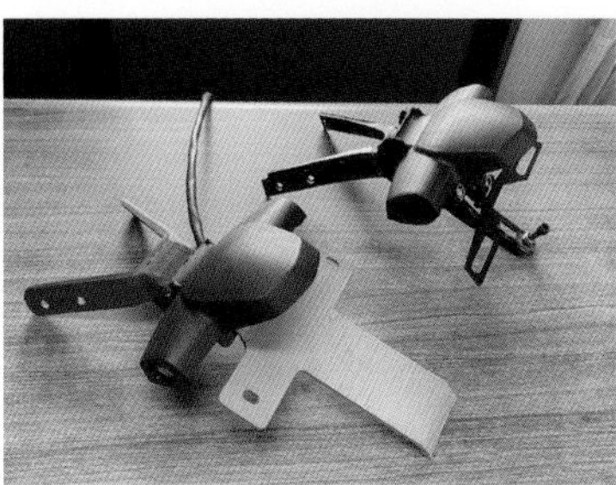

ショートテールフレーム

ウインカーおよびナンバープレートをよりリアフェンダー前方にマウントする３５０S 用のテールフレーム。さりげないカスタムにピッタリ。現在開発中とのことで発売が楽しみなアイテムだ

スズカベース　¥未定

フェンダーレスキット リアフェンダー付

350S のリア周りをシックかつよりコンパクトにまとめるマットブラックのリアフェンダー付きフェンダーレスキット

マジカルレーシング　¥23,100

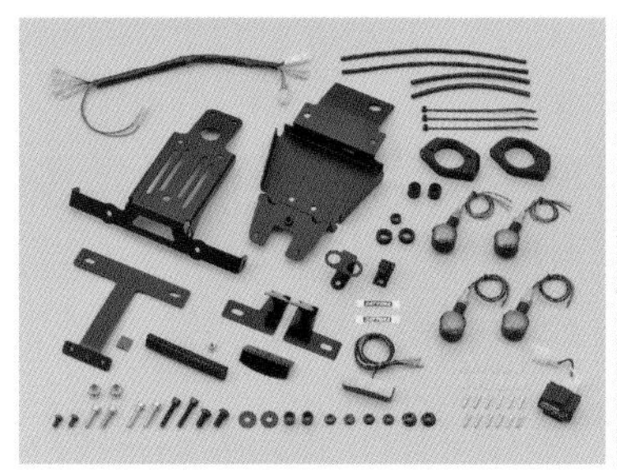

LEDフェンダーレスキット D-light-SOL/SOL-W付き

350のリア周りを軽快なものに生まれ変わらせるフェンダーレスキット。D-light SOL タイプ前後ウインカー（リアはテールランプ一体型）、リフレクター等必要な部品すべてが揃う。～'22モデル用

デイトナ　¥69,300

フェンダーレスキット リアフェンダー付

さりげない存在感を発揮するヘアライン仕上げのアルミリアフェンダー付属のフェンダーレスキット。350S用でナンバー灯は純正を使う

マジカルレーシング　¥22,000

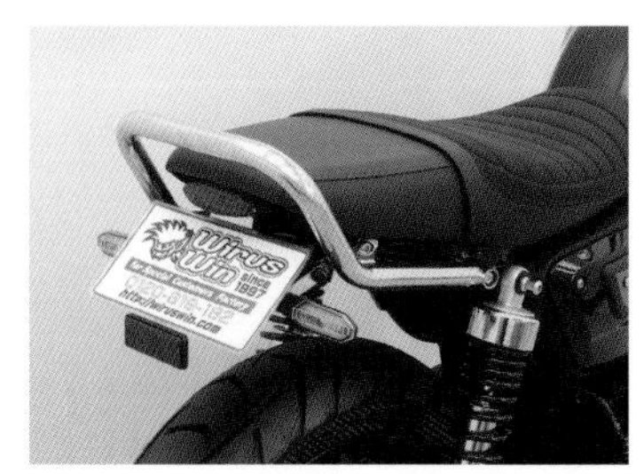

フェンダーレスキット

よりタイヤが露出するようになりワイルドな仕上げとなる。LED キャッツアイテールランプ採用で無加工で取付可能

ウィルズウィン　¥15,400

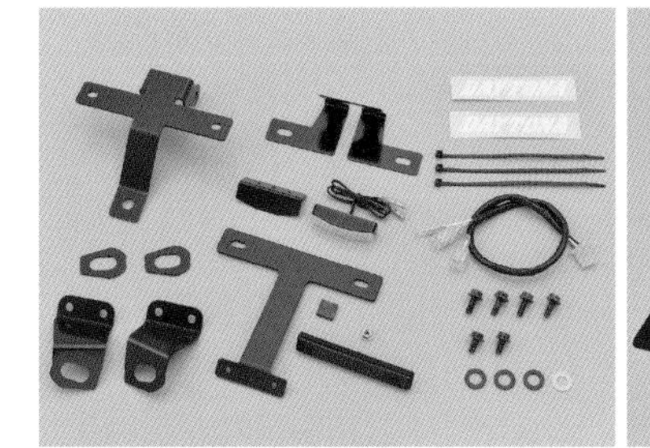

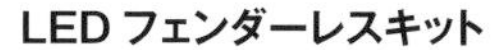

LED フェンダーレスキット

～'22モデルの350S用に開発されたフェンダーレスキット。純正ウインカーは付属ブラケットでシート下へ移設する。'21年度ナンバープレート新基準対応品

デイトナ　¥17,600

フェンダーレスキット

ウインカー(純正を使用)の装着位置やステー形状にもこだわったボルトオンキット。LEDナンバー灯付き、'21モデルの350S用

アクティブ ¥30,800

フェンダーレスKIT

マシンにマッチしたデザイン性と剛性・強度に配慮したフェンダーレスキット。LEDナンバー灯、リフレクター付属、350S用

ヨシムラジャパン ¥28,600

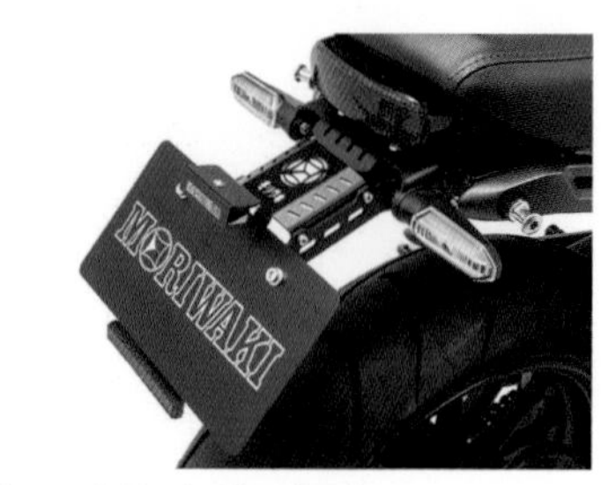

ショートフェンダーキット

車体デザインに合わせてトラス形状やスリット形状の肉抜きを配置。アクセントのモリワキロゴにも注目。350S専用品

モリワキエンジニアリング ¥27,500

Electric
電装系パーツ

モバイル機器の充電等に便利な電源キットに代表される電装系パーツを紹介する。正しい取り付け方法が大切になってくるアイテムだ。

USB 2ポートキット TYPE C / USB QC3.0

ハンドルバー等に固定できるクランプが付属したUSBポートキットで、USBタイプAとタイプCに対応する

アルキャンハンズ ¥7,370

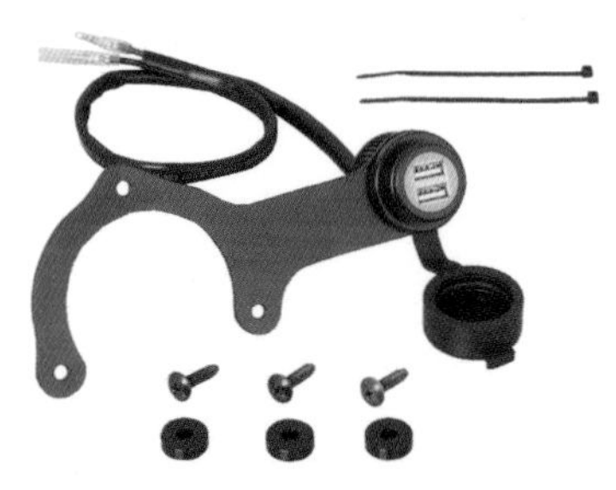

USB電源KIT

モバイル電源供給に最適な2ポートタイプUSB電源と、それを使いやすいメーターサイドに取り付けるステーが付いたキット

キタコ ¥4,850

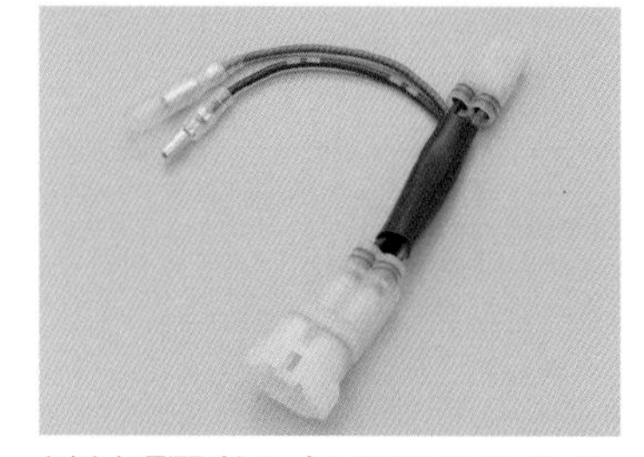

かんたん! 電源取出しハーネス GB350/CRF250L/M

配線を加工すること無く簡単に電源用配線を取り出せる。シート下取り出しタイプで、350に適合する

デイトナ ¥1,320

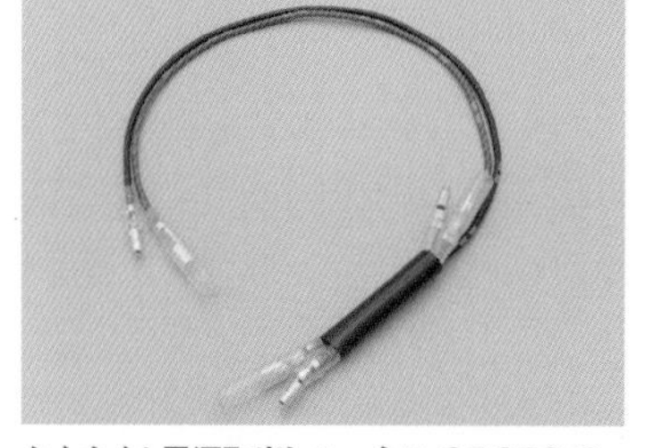

かんたん! 電源取出しハーネス GB350/S

無加工で取り付けできる、イグニッションキーに連動した電源取り出しハーネス。ヘッドライト内のカプラーに接続する

デイトナ ¥1,210

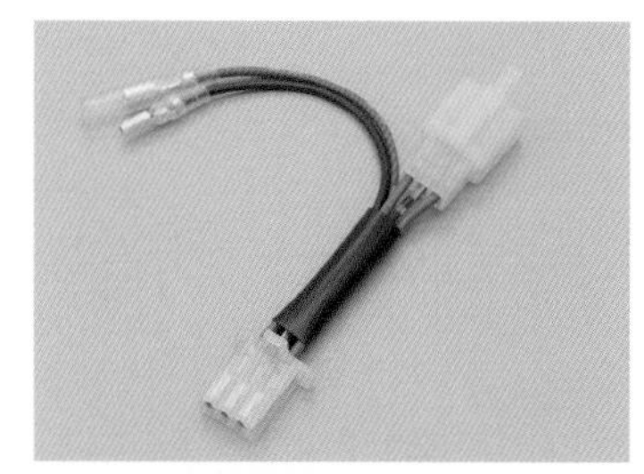

かんたん! 電源取出しハーネス GB350S

シート下テールランプカプラーに接続する350S用電源取り出しハーネス。許容電力は12V3Aでスマホ等への給電に便利

デイトナ ¥1,595

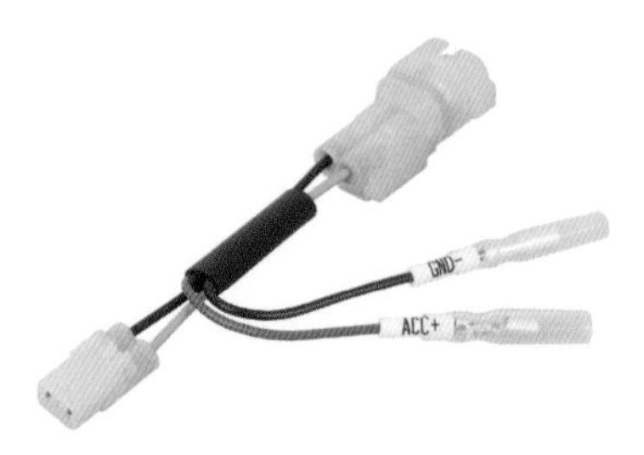

電源取り出しハーネス ホンダ(タイプ7)

ライセンスランプ用の2Pカプラーに割り込ませるタイプの電源取り出しハーネス。350に使いたいならこちら

キタコ ¥1,320

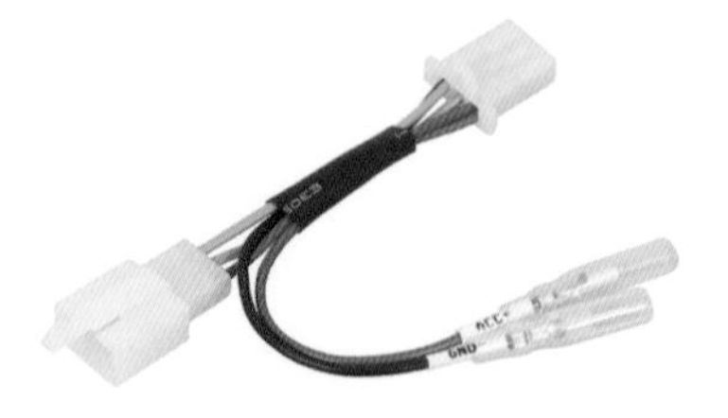

電源取り出しハーネス ホンダ(タイプ8)

シート下、テールランプコネクターに接続する電源取り出し用ハーネス。350S用となっているので注意

キタコ ¥1,320

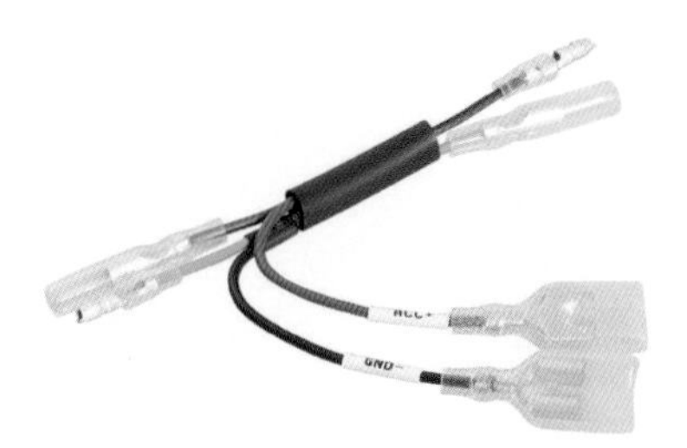

電源取り出しハーネス ホンダ（タイプ9）

ヘッドライトケース内のギボシ端子に接続して使用する電源取り出し用のハーネス。モバイル機器の充電等に

キタコ　¥1,100

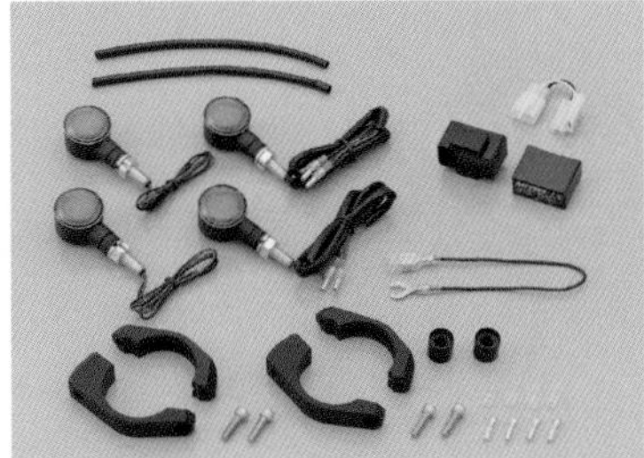

車種別LED ウインカー KIT D-Light SOL ステンレスリアフェンダー用

コンパクトな面発光LED ウインカーを使ったボルトオンキット。ウインカー本体はアルミダイカスト製。同社製ステンレスリアフェンダーを装着した～'22年モデルの350用。

デイトナ　¥29,700

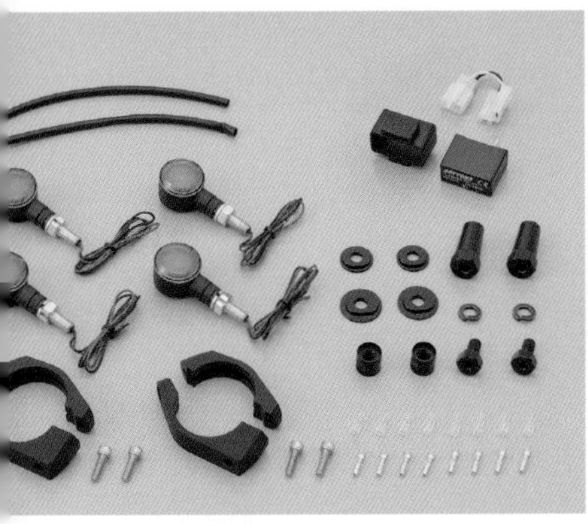

車種別LED ウインカー KIT D-Light SOL ノーマルテールランプ用

スタイリッシュな面発光LED ウインカーの前後キットで安心の車検対応品。アルミダイカスト製のウインカーは、マットブラック塗装仕上げ。～'22モデルの350用

デイトナ　¥35,200

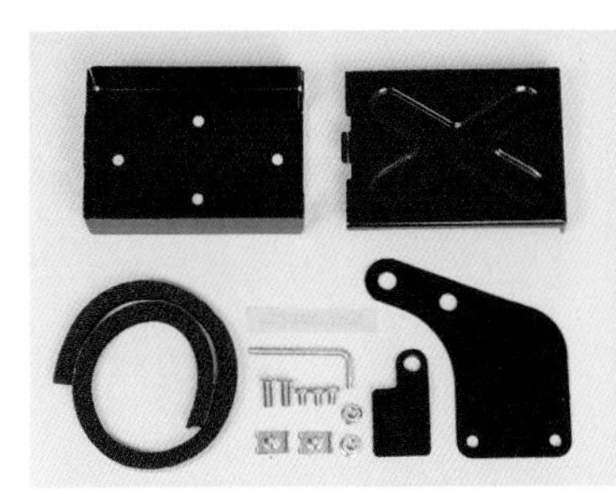

ETCケース＋GB350専用ステーセット

ETC車載器の取り付けスペースを見つけるのが難しいGBに必須のアイテム。ミツバ製 MSC－BE700S 等に対応するケースと取り付けステー、アンテナステーが付属する。

エンデュランス　¥13,200

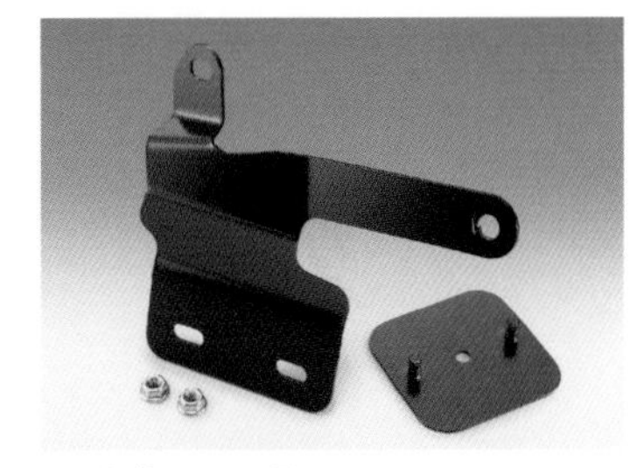

ETC ケースステー

別体式の ETC 本体を違和感のない場所へ取り付けられるステー。同社製 ETC ケースが取り付けできる

キジマ　¥3,850

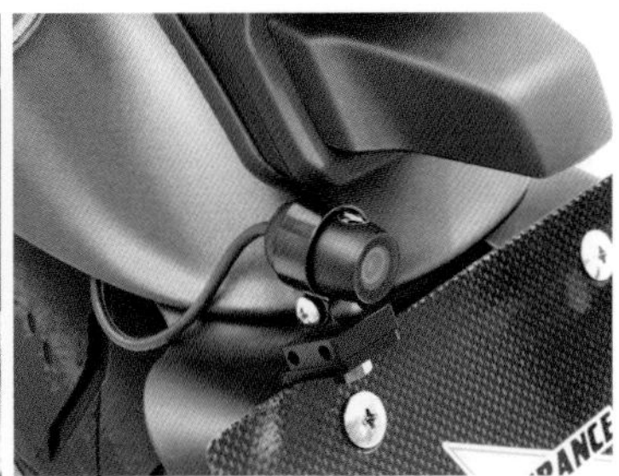

ツインカメラドライブレコーダー取り付けセット

広角120度の前後カメラとステー、電源の取り出しが付属し即車両に取り付けできるドライブレコーダーのセット。衝撃を感知し自動で録画ファイルをロックする G センサー搭載。～'22 350S 不可

エンデュランス　¥23,980

グリップヒーター HG120

配線加工無しで配線でき、アクセサリー電源も取り出せるグリップヒーター。電圧計機能付き。～'22モデルまでに適合する

エンデュランス ¥15,070

グリップヒーター SP

5色のLED ランプが電圧レベルやヒーターレベルを表示するスタイリッシュなグリップヒーター。専用電源取り出し付き。～'22モデル用

エンデュランス ¥12,870

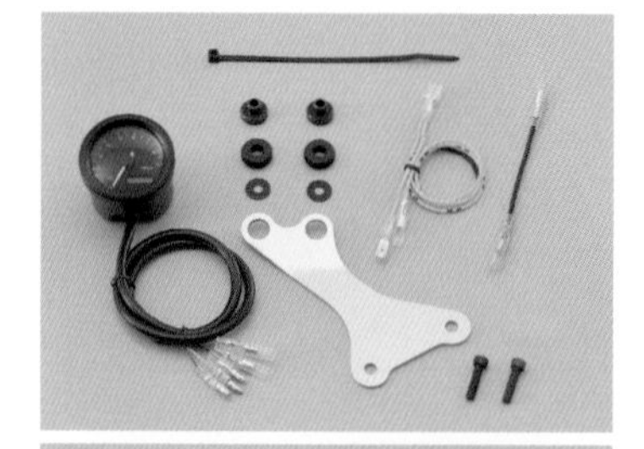

VELONA タコメーターキット φ48

コンパクトなΦ48mmボディのタコメーターを手軽に取り付けできるボルトオンキット。メーターは3色LED照明付き

デイトナ ¥22,000

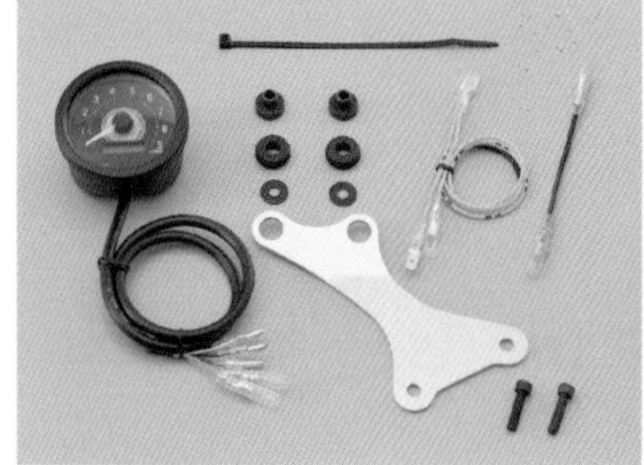

VELONA タコメーターキット Φ60

視認性に優れた直径60mmのタコメーターをスピードメーター左側に装着できるキット。タコメーターは実用回転粋にマッチした9,000rpm 表示

デイトナ ¥22,000

サイドスタンドスイッチキャンセラー

サイドスタンド使用時のエンジンストップ機能をキャンセルするハーネス。レース等でサイドスタンドを取り外す時に使いたい

キタコ ¥880

Footwork
足周りパーツ

走行性能を大きく左右するのが足周り。取り付けの手間や価格面でややハードルが高いが、得られる効果は大きい。吟味して選ぼう。

GALE SPEED アルミ鍛造ホイール TYPE-N

バイクの基本性能を向上させる軽量なアルミ鍛造ホイール。ノスタルジックな 6本スポークデザインでサイズは F2.75-18、R4.00-18

アクティブ ¥126,500/135,300

HYPERPRO ストリートボックス

日本仕様リアショックとフロントスプリングのセットで、性能を一気に引き上げてくれる。20mm ローダウン仕様あり(写真は他車用)

アクティブ ¥162,800

HYPERPRO プリロードアジャスター

ノーマルフォークにスプリングプリロード調整機能を追加するアジャスター。アジャスター部の色はブラック、レッド、ゴールドを設定

アクティブ ¥18,150

HYPERPRO ツインショックエマルジョンボディ

コンスタントライジングレートスプリングで幅広いライダーに乗りやすさと安全を提供。スタンダードモデルと約20mm ダウンモデルあり

アクティブ ¥148,500

RS-γリヤーサスペンション

SHOWAと共同開発で生まれた高性能サス。油圧プリロードアジャスター装備で、レッドスプリングとブラックスプリングを設定

アドバンテージ ¥195,800/206,800

RSリヤーサスペンション

スプリングプリロード、伸側30段、圧側20段の減衰力、±10mmの車高調整が可能。スプリングカラーは赤も選べる

アドバンテージ ¥184,800/195,800

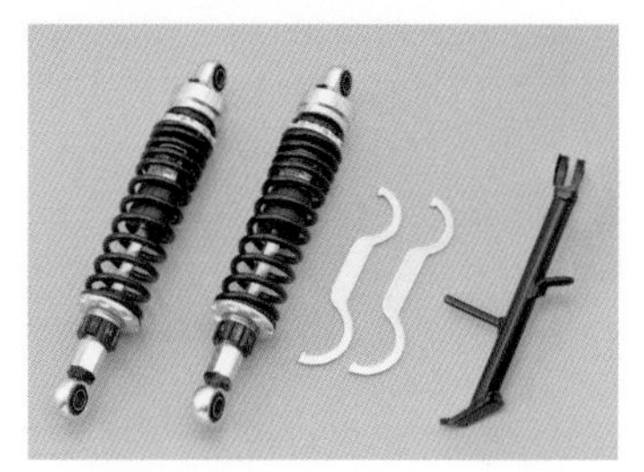

ローダウンキット

15～30mmダウンができつつ純正以上の乗り心地が得られるアジャスタブルリアショックとショートサイドスタンドのセット。～'22用

デイトナ ¥71,500

ローダウンキット

シックなブラックボディのローダウンサスペンションと対応するショートサイドスタンドのセット。～'22モデル用

デイトナ ¥81,400

アジャスタブルローダウンリアショック

15～30mm幅で車高を下げられるローダウン用リアショック。シルバーボディが存在感を発揮する。～'22年モデル用

デイトナ ¥61,600

アジャスタブルローダウンリアショック

ブラックボディのリアショックで、15～30mmの範囲で車高を下げられる。～'22モデルに適合する

デイトナ ¥61,600/71,500

オリジナルOHLINSリアショックS36DR1L

オーリンズリアショックをオリジナル仕様でセットアップ。純正比9mm短くなるローダウン仕様。ローダウン対応サイドスタンドの使用を推奨

G sence
¥143,000

KITACO×GEARS ショックアブソーバー

サスペンションパーツで実績の高いGEARSと共同開発。走行テストを重ねロングツーリング時や高積載時に快適なバネレートとダンパー特性に設定。車高、伸び側減衰力、プリロード調整付き

キタコ ¥92,400

ナイトロン ステルスツイン R1シリーズ

可能な限りブラックアウトしたシックなリアショック。1wayリバウンドアジャスター、車高調整付き。350専用ローダウン仕様あり

ナイトロンジャパン ¥163,900

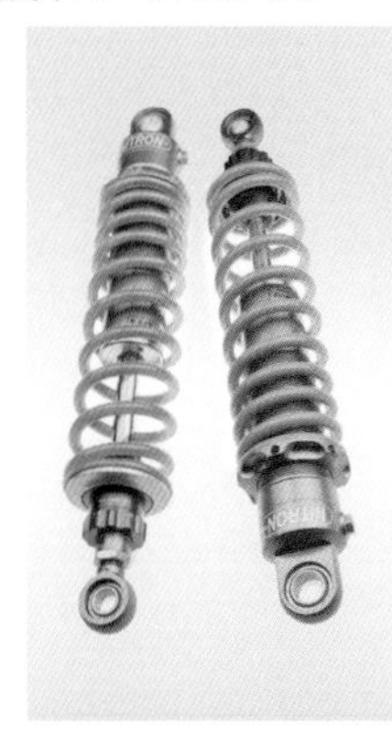

ナイトロン ツインショック R1シリーズ

リーズナブルでありながら基本性能を満たしたストリート志向モデル。カラーは6パターンあり。350用ローダウン仕様もある

ナイトロンジャパン ¥141,900

リアサスペンション

0～+5mmの車高調整、プリロードおよび伸側減衰力調整が可能なノーマル比-20mmショートに設定されたローダウンサス

ぱわあくらふと ¥148,500

YSS Z302 25mmローダウンモデル

シンプルな外観ながら、伸び側減衰力、スプリングプリロード、車高調整機能を装備。最大30mmのローダウンができる

YSS JAPAN ¥57,200

YSS Z362 365mm

コンフォートな乗り心地をもたらし、操安性を向上させる。±5mmの車高調整、30段の伸び側減衰力、プリロード調整ができる

YSS JAPAN ¥82,500

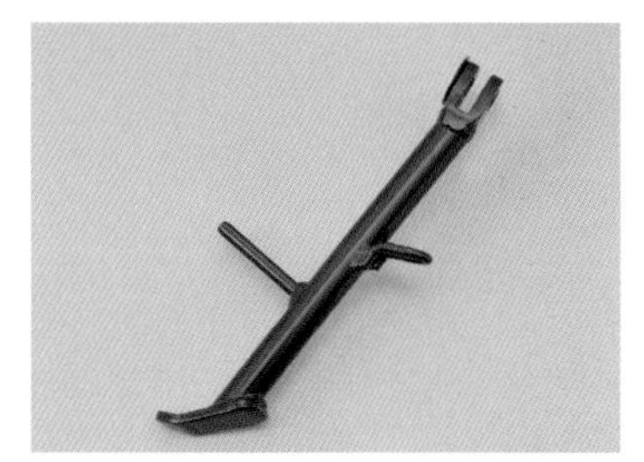

ショートサイドスタンド

同社製ローダウンリアショック装着時に使いたい、350比で約20mm、350S比で約15mmショートとなるサイドスタンド。～'22用

デイトナ ¥9,900

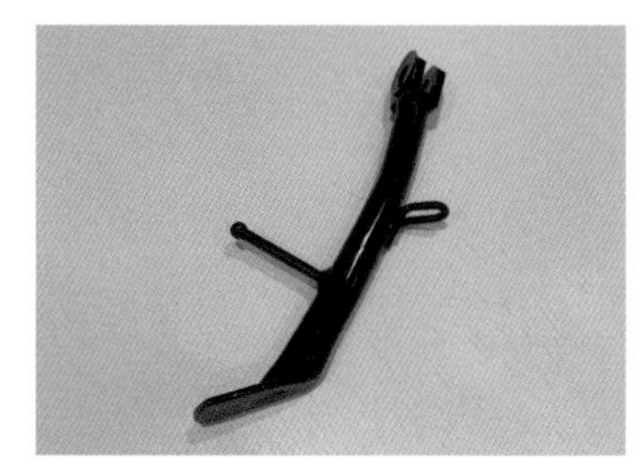

サイドスタンド

ノーマルを加工したローダウン対応スタンド。シート、サスペンションとセットになったローダウンキット(¥181,000/203,000)もある

ぱわあくらふと ¥12,650

D.I.D 520ERV7

レース専用ながら600ccまでの車両では公道でも使える、低フリクションでピン先端に座ぐり加工などをした高性能チェーン

大同工業 ¥21,659(110L)

D.I.D 520VX3

軽量、コンパクト設計で軽快な操作感が得られる。Xリング採用で低フリクションとロングライフを両立。ゴールド、シルバー、メッキ無しあり

大同工業 ¥12,221～16,093(110L)

EK520LM-X(CR、NP)

最新スペックのNXリングを使ったチェーンで、～350ccまでに対応。上質なシルバー仕上げながら求めやすい価格なのも嬉しい

江沼チヱン製作所 ¥14,036(110L)

EK520LM-X(GP、GP)

従来品に対し約12%軽量化し同社製ラインナップで最軽量とした。レースでも使われる高性能なゴールドチェーンだ

江沼チヱン製作所 ¥14,641(110L)

EK520LM-X

求めやすいメッキ無しスチールプレートを使ったドライブチェーン。最新NXリングを使ったシールチェーンで耐久性も上々

江沼チヱン製作所 ¥11,132(110L)

RK 520RXW ED.BLACK

ブラック&ゴールドのカラーでファッション性が高い一方、優れた耐久性を持ちサビや腐食に強い優れたドライブチェーン

RK JAPAN ¥17,182(110L)

RK 520RXW ED.GOLD

ドライブチェーンとして求められる性能をしっかり確保しつつ、ポリッシュされたゴールドプレートで高級感を創出する

RK JAPAN　¥17,182(110L)

RK 520RXW SILVER

光沢が美しい、他のメッキパーツを引き立てるシルバーチェーン。さり気なく高級感を出したいときにうってつけのチェーン

RK JAPAN　¥14,420(110L)

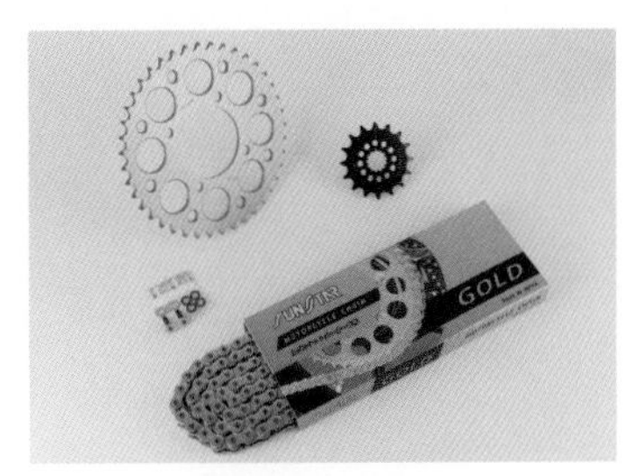

スプロケット&チェーンセット

消耗時は同時に交換したい前後スプロケットとチェーンがセットになったお得なパッケージ。チェーンは3種類から選べる

サンスター　¥22,000～

Rikizoh フロントスプロケット 15T

ビッグシングルの3、4速のトコトコ感を味わえるスプロケット。ワインディングなどのロケーションで体感してほしい

ばわあくらふと　¥4,950

153GARAGE バックステップキット

シンプルなスタイルのバックステップで、ポジションは 350S 比48.6mm バック、46.6mm アップとなる。～'22モデル用

アクティブ　¥71,500

GB350 レース用ステップ kit

350用に作られたアルミ製シルバーアルマイト仕上げのステップ。レース用なので、公道で使用する場合は油圧式ブレーキスイッチが必要となる

ヤマモトレーシング　¥77,000

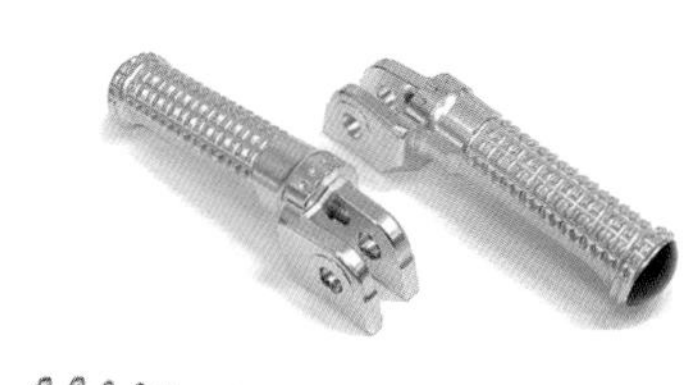

ステップバー

エッジの効いた切削溝で靴底が滑らず走りをサポート。フロント用、リア用があり、いずれもブラックとシルバーから選べる

アクティブ　¥9,900

ZETA アルミニウムフットペグ

鍛造 A2014材を細部まで切削加工して作られたフットペグ。前後幅 57mm のワイドタイプ。スクランブラーカスタムに

ダートフリーク　¥14,850

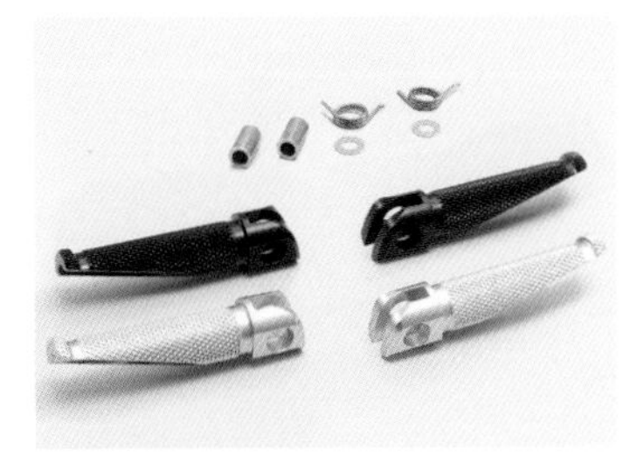

ステップバー TYPE I

アルミ削り出しで作られたレーシーなステップバー。ステップ部長73mm のショートタイプで、シルバーとブラックの2色を設定

ハリケーン　¥8,800

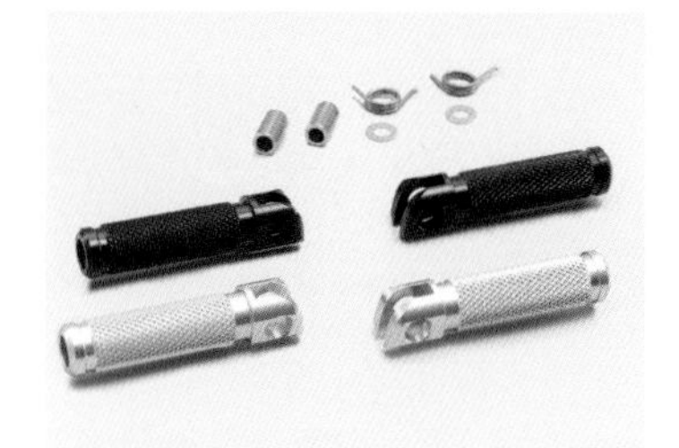

ステップバー TYPE Ⅱ

アルミ削り出しアルマイト仕上げのフロント用ステップバー。可倒式で強化リターンスプリングが付属する

ハリケーン　¥8,800

ステップバーブラケット D8セット

同社製のステップバーを取り付けるためのブラケット。アルミ製でカラーは写真のブラックのほかシルバーを設定する

モリワキエンジニアリング　¥5,940

エンドキャップ

モリワキ製ステップバー先端に取り付けるエンドキャップ。ホワイトとブラックの2カラーをラインナップする

モリワキエンジニアリング　¥440

ステップバーレーシング MIL

着実なグリップが得られる形状のステップバーで長さは70mmと90mmあり。カラーはシルバーも設定。要ブラケット、エンドキャップ

モリワキエンジニアリング　¥3,630/3,850

チェンジペダルキット

350純正のシーソー式から付け替えることで、うっかりかかとでシフトアップのようなミスを防止。ペダル位置を見直しシフトアップ時の操作感も向上する。350S不可

デイトナ　¥5,250

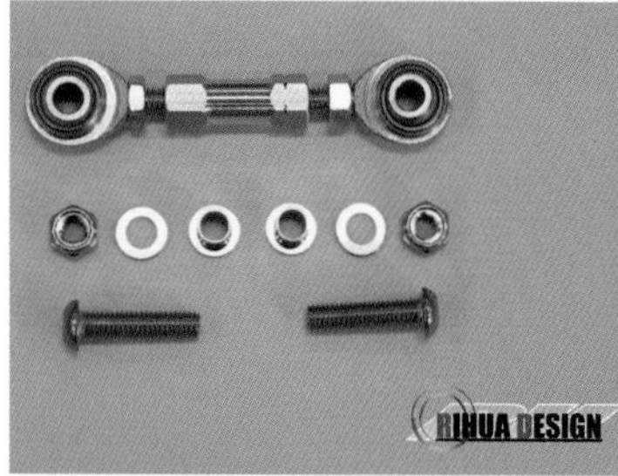

チェンジロッドセット

純正ペダルのポジションがしっくりこない人に向けて生まれた製品で、純正比5mmアップから10mmアップの範囲でシフトペダル位置を調整できる。350S用

リーファトレーディング　¥6,600

ドレスアップ系アイテムから機能パーツまで、ブレーキ関連のパーツを紹介する。取り付けはプロに依頼するのが安全確実だ。

汎用 マスターシリンダーキャップ HG

切削加工とアルマイト加工を交互に2度行なうことで2色のカラーアルマイトを実現。カラーはレッド、ブルー、シルバー、ゴールドあり

エンデュランス　¥4,180

アルミマスターシリンダーキャップ タイプ1

シルバーのベースにX型プレートを配したマスターシリンダーキャップ。X型プレートは写真の2色あり

キタコ　¥4,620

アルミマスターシリンダーキャップ タイプ1

ブラックベースとしてコントラストが鮮やかなマスターシリンダーキャップ。X型プレートは穴が設けられ雲台としても使用可能

キタコ　¥4,620

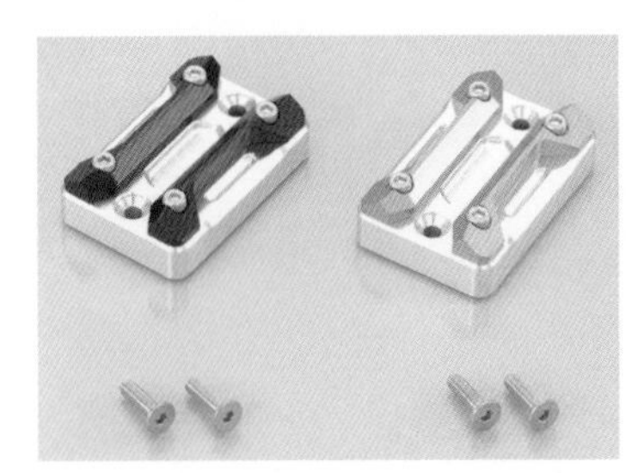

アルミマスターシリンダーキャップ タイプ2

平行に配したレッドまたはゴールドのパートがカスタム心を刺激するアルミ製のマスターシリンダーキャップ

キタコ　¥4,600

アルミマスターシリンダーキャップ タイプ2

シックなブラックのベースにレッド、またはゴールドを組み合わせたドレスアップ重視のマスターシリンダーキャップ

キタコ　¥4,600

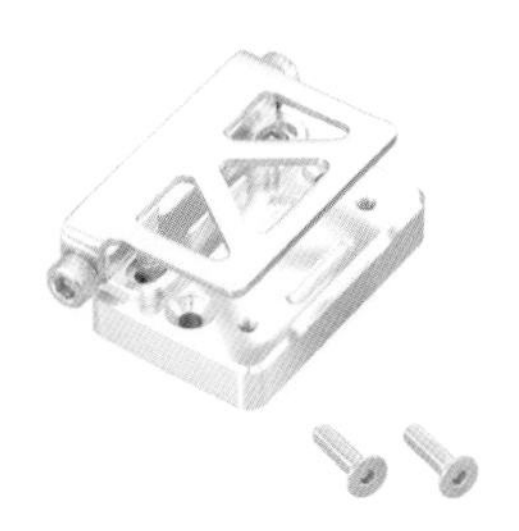

アルミマスターシリンダーキャップ タイプ3

角度調整ができる上部プレートに様々なパーツが設置できる実用性重視のマスターシリンダーキャップ

キタコ　¥4,950

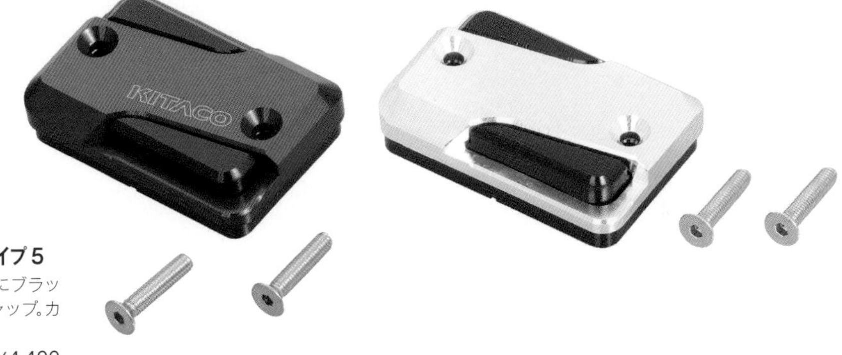

アルミマスターシリンダーキャップ タイプ5

KITACO ロゴが入ったベースカラーにブラックを合わせたマスターシリンダーキャップ。カラーは写真の4タイプ

キタコ　¥4,400

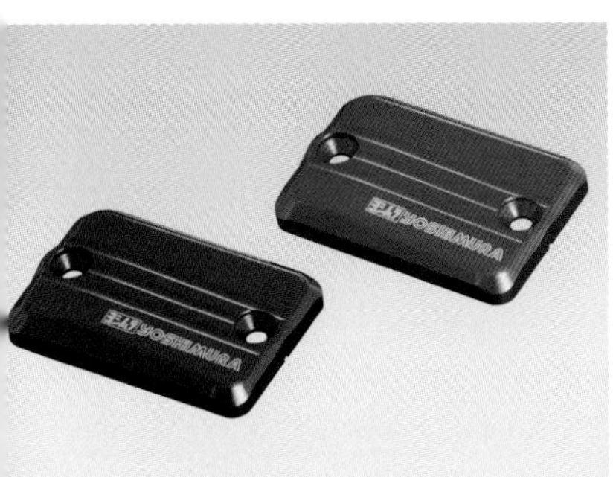

マスターシリンダーキャップ

アルミ削り出しでシンプルなデザインながら質感の高さを感じさせるフロント用マスターシリンダーキャップ。耐食性を考慮しステンレス製内六角ボルト2本が同梱される

ヨシムラジャパン　¥6,820

マスターシリンダーキャップ

三次元加工により立体感を表現したリア用マスターシリンダーキャップ。アルミ削り出し製で、ステンレス製ボルト2本が付属する

ヨシムラジャパン　¥5,830

マスターシリンダーキャップミディアム

アルミ削り出しで作られた高品質なマスターシリンダーキャップで、フロントに適合。カラーはシルバー、ブラック、チタンゴールドの3種

モリワキエンジニアリング　¥3,850

マスターシリンダーキャップスモール

存在感の無いリアマスターシリンダー周りにアイキャッチを加えるアルミ削り出しのマスターシリンダーキャップ。ブラック、シルバー、チタンゴールドの3カラーをラインナップ

モリワキエンジニアリング　¥3,850

マスターシリンダーホルダー B

ノーマルから変えることでハンドル周りにアイキャッチを作るアルミ削り出しのアイテム。ブルー、レッド、ゴールド、シルバー、ブラックの5色

エンデュランス　¥1,760

マスターシリンダーホルダーキット B

ハンドル周りをトータルで彩る、マスターシリンダーホルダーとレバーホルダーのセット。写真の5カラーから選ぼう。～'22用

エンデュランス　¥3,190

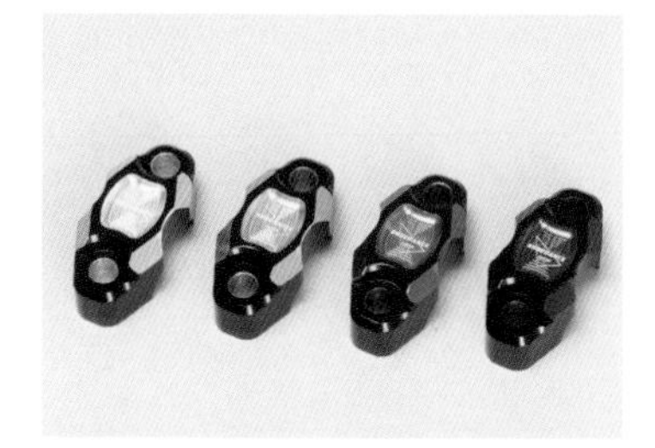

マスターシリンダーホルダー HG

切削加工とアルマイト加工を2度行なうことで2色カラーアルマイトを実現。中央のロゴもポイント。～'22用左右セットあり(¥3,520)

エンデュランス　¥1,980

マスターシリンダーホルダーキット HG

右のブレーキマスターシリンダーと左のレバーホルダーをセットで彩るホルダーキット。2トーンカラー設定で個性を発揮する。～'22用

エンデュランス　¥3,520

ラジアルブレーキマスター　スモークタンク仕様

Φ 5/8インチピストンを用いたタッチに優れたブレーキマスター。ブラックのレバーとスモークタンクでシックな雰囲気を醸し出す

アドバンテージ　¥27,500

ラジアルブレーキマスター　スモークタンク仕様

存在感あるシルバーのショートレバーを使ったブレーキマスター。ブレーキタッチに優れるラジアルタイプ。ピストン径は5/8インチ

アドバンテージ　¥27,500

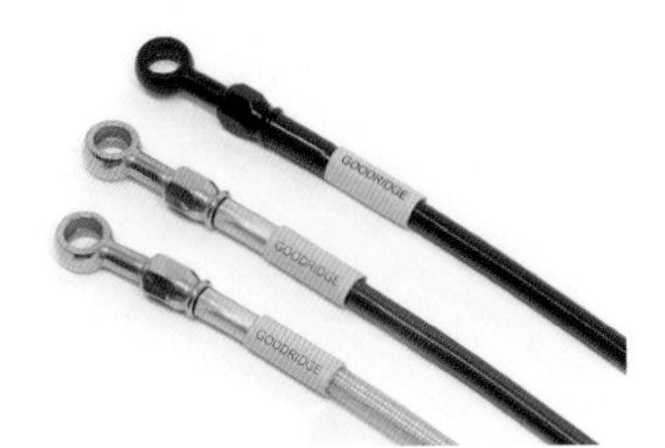

BUILD A LINE ブレーキホース
ブレーキのタッチを改善してくれるステンレス製のブレーキホース。フィッティング部の素材はステンレス。前用、後用あり。'21モデル用
アクティブ ¥21,780～28,710

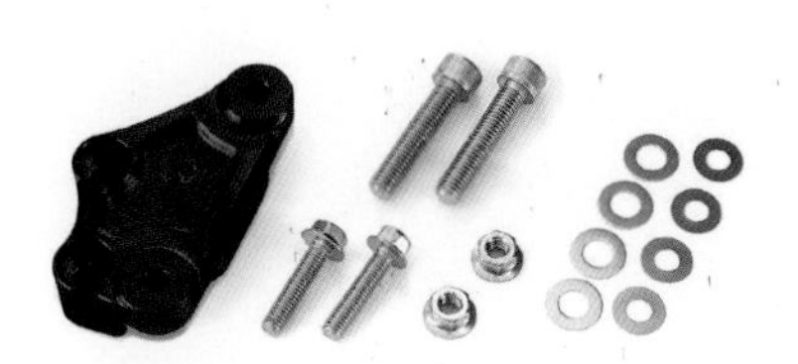

フロントキャリパーサポート
取り付けピッチ40mmのキャリパーを取り付けるためのサポート。アルミ削り出しでカラーはブラックとシルバー。'21モデル用
アクティブ ¥9,350

HG F ブレーキパッド
雨や寒い日といった天気に左右されにくく安定した制動力を発揮しつつ純正よりリーズナブルな価格のセミメタルパッド。フロント用
エンデュランス ¥2,860

HG R ブレーキパッド
純正品より買い求めやすい価格ながら、耐久性、制動力、寿命にも優れたリア用ブレーキパッド。オールマイティな性能が魅力
エンデュランス ¥2,860

SBSブレーキパッド 627シリーズ HF
コストパフォーマンスに優れたフロント用ブレーキパッドで、扱いやすさ、制動力を確保しつつ耐久性にも優れる
キタコ ¥3,630

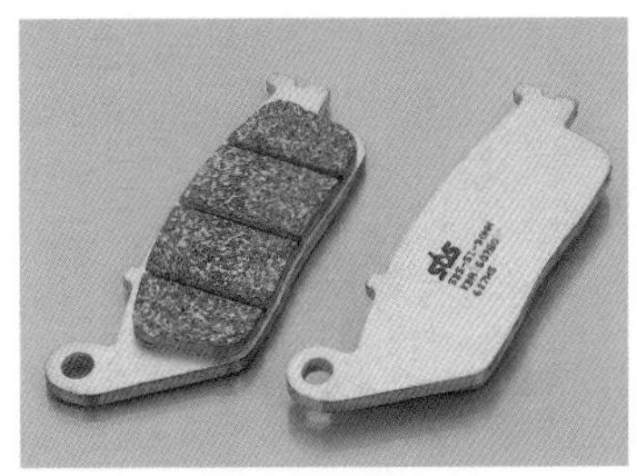

SBSブレーキパッド 627シリーズ HS
シンターメタル材を使ったフロント用パッドで、ストリート走行とスポーツ走行を両立させた近年のロードモデル用標準パッド
キタコ ¥4,400

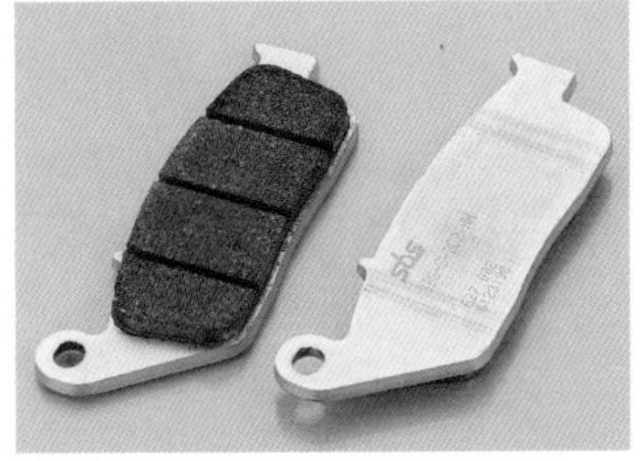

SBSブレーキパッド 627シリーズ DC
耐久ロードレース用に開発されたのがDC(デュアルカーボン)で、制動性能の全てを向上させつつ高寿命を実現している。フロント用
キタコ ¥6,380

SBSブレーキパッド 225シリーズ E
使いやすさと制動力、そして耐久性を両立したコストパフォーマンスに優れたリア用ブレーキパッド
キタコ ¥3,960

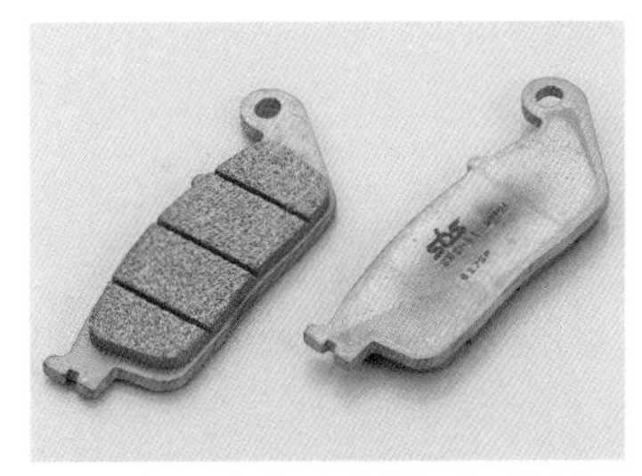

SBS ブレーキパッド 627シリーズ SP
ストリートでの耐久性を確保しつつスポーツ走行に適した制動力を持つ、HSを上回るハイグレードモデル。フロント用
キタコ ¥5,500

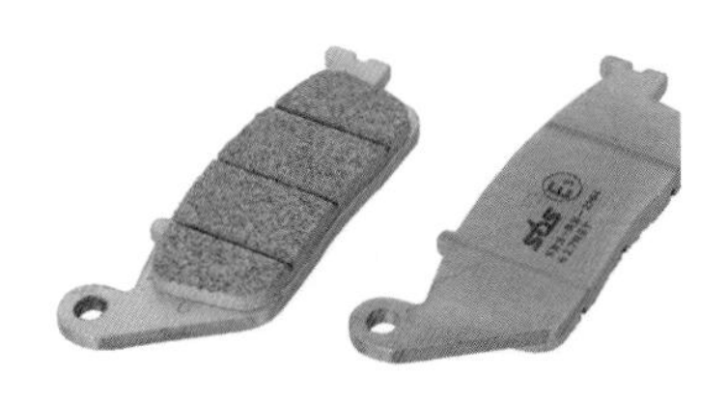

SBSブレーキパッド 627シリーズ RST
スプリントロードレース用に開発され、優れた初期制動の食いつきと高温時の耐久性を誇るフロント用パッド
キタコ ¥6,820

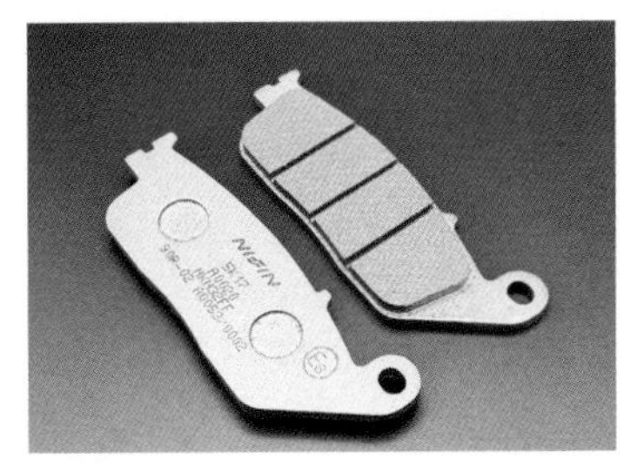

NISSIN プレミアムパッド セミメタル
制動力だけでなくコントロール性も高く、すべての性能が高次元にバランスされツーリング、ストリートに最適なパッド。フロント用
日立 Astemoアフターマーケットジャパン ¥3,630

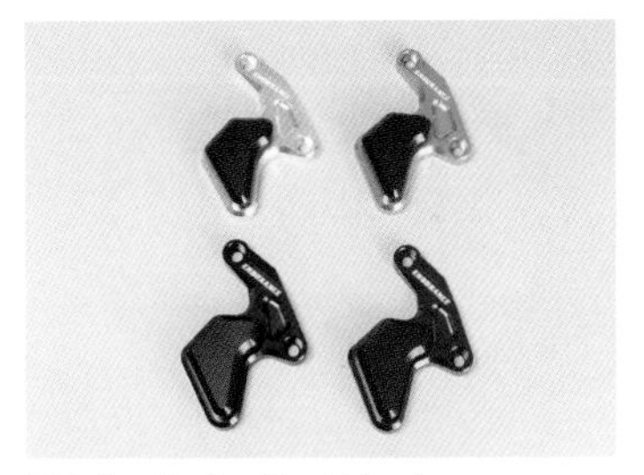

FR キャリパーガードキット
アルミ削り出しのボディに樹脂製プロテクターをセットしたドレスアップにもうってつけのアイテム。全4色設定、～'22モデル用
エンデュランス ¥9,350

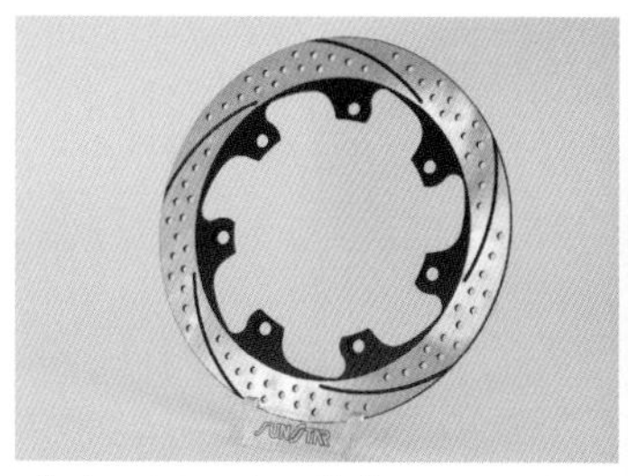

プレミアムレーシングディスクローター

国内生産の高精度ディスクローター。パッドのクリーニング効果もあるスリットは、ドレスアップの効果も高い

サンスター　¥27,500

ローターボルト（スチール）

純正と同様のM8x24mmサイズの補修用ブレーキローターボルト。ディスクローター交換時、ボルトは新品にしたい。1本売り

キタコ　¥264

ローターボルト（スチール）

再使用するとネジの緩みやネジ山破損にもつながるディスクローターボルト。純正同サイズの3本セットのこれを使い対処したい

キタコ　¥726

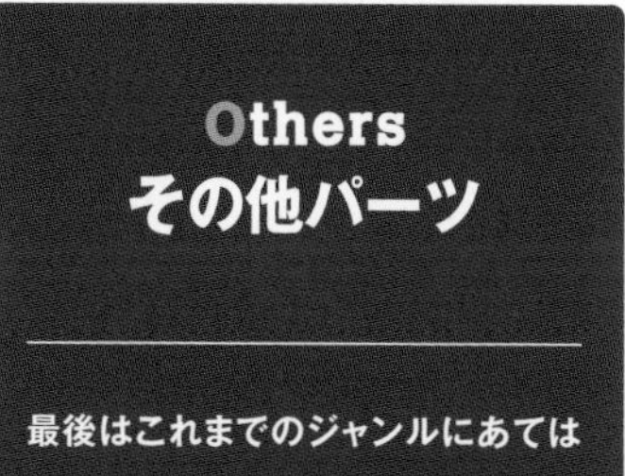

Others その他パーツ

最後はこれまでのジャンルにあてはまらないパーツを紹介する。基本的に全て機能パーツなので、使用目的を明確にして選んでいこう。

DRC オイルフィルター D58-81-1181

エンジン内部の様々な汚れを洗浄ろ過するオイルフィルター。交換に伴うＯリングは付属しないので注意

ダートフリーク　¥1,100

オイルエレメント H-06

オイル交換時の必須アイテム。約6,000kmに1度、またはオイル交換2回に1度が交換の目安となっている

キタコ　¥770

ステンレスマイクロニックオイルフィルター

304ステンレスフィルター採用でオイルポンプの負担を軽減しパワー&トルクアップに貢献。分解洗浄が可能で繰り返し使用できる

モリワキエンジニアリング　¥17,600

オイル交換フル SET

オイル交換時に便利な、オイルフィルター、Ｏリング、ドレンパッキンのフルセット。安心してオイル交換作業に挑める

キタコ　¥1,540

Ｏリング OH-23

オイルフィルターカバーと併用する、純正部品と同サイズの補修用Ｏリング。オイルフィルター交換時に用意したい

キタコ　¥396

オイルフィラーキャップクラシックタイプ

カタカナロゴが独自の雰囲気を生むアルミ削り出しのオイルフィラーキャップ。M20x2.5タイプがGBに適合する

モリワキエンジニアリング　¥3,850

オイルフィラーキャップクラウンタイプ

緩み止めワイヤー用穴が開けられるなどレーシーなスタイルのフィラーキャップ。チタンゴールドとブラックの2カラー設定

モリワキエンジニアリング　¥3,850

オイルフィラーキャップ Type-FB

アルミ削り出しアルマイト仕上げの本体にレーザーマーキングを施したオイルフィラーキャップ。カラーは赤、緑、ライトグレーの3種

ヨシムラジャパン　¥3,300

アルミドレンボルト D-1

軽量高強度なアルミ合金を採用。ドレスアップ効果の高いアルマイト仕上げで、ワイヤーロック用通し穴、マグネットを装備

キタコ　¥1,320

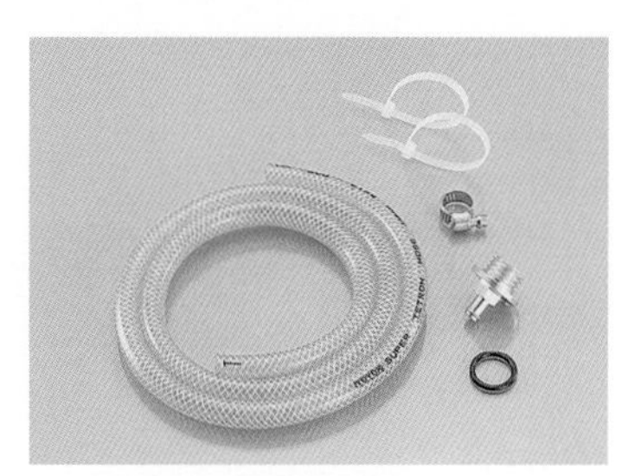

ブリーザーパイプ ASSY

ピストン運動の妨げになるクランクケース内の圧力を抜きパワーロスを防止しつつ、温度上昇も抑える

キタコ　¥2,750

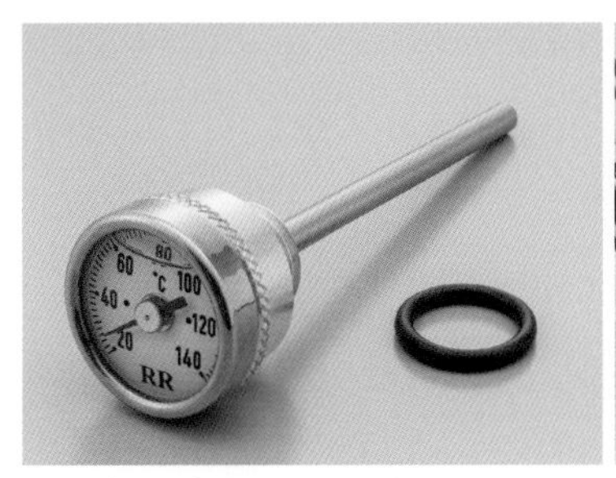

RR ディップスティック温度計

純正オイルフィラーキャップの代わりに取り付ける懐かしいスタイルの油温計。文字盤の色はホワイトとブラックが選べる。油温表示範囲は0～140度となっている

デイトナ　¥14,800

パフォーマンスダンパー

共振を抑えて乗り心地、ハンドリングを向上。長距離移動で効果を発揮する。ダンパーと取り付け用ステーのセットとなる

アクティブ　¥38,500

チェーンルブ / チェーンクリーナー

強力な洗浄力で付着したゴミやホコリを取り除くチェーンクリーナー。使用後は有機モリブデン配合のチェーンルブで潤滑しよう

大同工業　¥1,485/2,310

Maker list

RK JAPAN	https://mc.rk-japan.co.jp
アールズ・ギア	https://www.rsgear.co.jp
アクティブ	http://www.acv.co.jp/00_index/index.html
アドバンテージ	https://advantage-net.co.jp
アルキャンハンズ	http://alcanhands.co.jp/
ウィルズウィン	https://wiruswin.com
エンデュランス	https://endurance-parts.com/
江沼チヱン製作所	http://www.enuma.co.jp
オスカー	https://oscar-mc.com
カラーズインターナショナル	https://www.striker.co.jp
K&H	https://kandh.co.jp
キジマ	https://www.tk-kijima.co.jp/
キタコ	https://www.kitaco.co.jp
GOODS	https://www.goods-co.net/index.php
サンスター（国美コマース）	https://www.sunstar-kc.jp
G sense	http://gsense.jp
スズカベース	https://suzuka-base.co.jp
ダートフリーク	https://www.dirtfreak.co.jp/moto/
大同工業	https://didmc.com/productinfo/
WM	http://www.wmpdt.co.jp
TSR（テクニカルスポーツレーシング）	https://www.tsrjp.com
デイトナ	https://www.daytona.co.jp/
ナイトロンジャパン	https://www.nitron.jp/index.php
ハリケーン	https://www.hurricane-web.jp
ぱわあくらふと	https://power-craft.co.jp
日立Astemoアフターマーケットジャパン	https://aftermarket.hitachiastemo.com/japan/ja/
ファニーズカスタムサービス	https://www.funnys-cs.com
マジカルレーシング	http://www.magicalracing.co.jp
モリワキエンジニアリング	http://www.moriwaki.co.jp/
ヤマモトレーシング	https://www.yamamoto-eng.co.jp
ヨシムラジャパン	https://www.yoshimura-jp.com/
リーファトレーディング	https://rihuadesign.official.ec/
YSS JAPAN	https://www.win-pmc.com/yss/

HONDA ホンダ GB350／350S カスタム&メンテナンス

GB350／350S CUSTOM & MAINTENANCE

2024年1月31日 発行

STAFF

PUBLISHER
高橋清子 Kiyoko Takahashi

EDITOR , WRITER & PHOTOGRAPHER
佐久間則夫 Norio Sakuma

DESIGNER
小島進也 Shinya Kojima

PHOTOGRAPHER
小峰秀世 Hideyo Komine
清水良太郎 Ryota-RAW Shimizu
柴田雅人 Masato Shibata

ADVERTISING STAFF
西下聡一郎 Soichiro Nishishita

PRINTING
中央精版印刷株式会社

PLANNING, EDITORIAL & PUBLISHING
(株)スタジオ タック クリエイティブ

〒151-0051 東京都渋谷区千駄ヶ谷3-23-10 若松ビル2F
STUDIO TAC CREATIVE CO.,LTD.
2F, 3-23-10, SENDAGAYA SHIBUYA-KU, TOKYO 151-0051 JAPAN
[企画・編集・デザイン・広告進行]
Telephone 03-5474-6200 Facsimile 03-5474-6202
[販売・営業]
Telephone 03-5474-6213 Facsimile 03-5474-6202

URL https://www.studio-tac.jp
E-mail stc@fd5.so-net.ne.jp

警告

■この本は、習熟者の知識や作業、技術をもとに、編集時に読者に役立つと判断した内容を記事として再構成し掲載しています。そのため、あらゆる人が作業を成功させることを保証するものではありません。よって、出版する当社、株式会社スタジオ タック クリエイティブ、および取材先各社では作業の結果や安全性を一切保証できません。また作業により、物的損害や傷害の可能性があります。その作業上において発生した物的損害や傷害について、当社では一切の責任を負いかねます。すべての作業におけるリスクは、作業を行なうご本人に負っていただくことになりますので、充分にご注意ください。

■ 使用する物に改変を加えたり、使用説明書等と異なる使い方をした場合には不具合が生じ、事故等の原因になることも考えられます。メーカーが推奨していない使用方法を行なった場合、保証やPL法の対象外になります。

■ 本書は、2023年11月時点の情報を元にして編集されています。そのため、本書で掲載している商品やサービスの名称、仕様、価格などは、製造メーカーにより、予告無く変更される可能性がありますので、充分にご注意ください。

■ 写真や内容が一部実物と異なる場合があります。

STUDIO TAC CREATIVE
㈱スタジオ タック クリエイティブ

ISBN978-4-88393-998-5

2401A